Horst Rösler

# HARLEY-DAVIDSON

## BIKER-TRÄUME AUS MILWAUKEE

HEEL

**Impressum**

HEEL Verlag GmbH
Gut Pottscheidt
53639 Königswinter
Telefon 02223 9230-0
Telefax 02223 923013
info@heel-verlag.de
www.heel-verlag.de



Verantwortlich für den Inhalt:
Horst Rösler

Lektorat:
Jost Neßhöver

Lithografie, Satz und Gestaltung:
Bettina Scholten, Bonn

Fotos: Horst Rösler, außer 10 oben, 11 unten und oben rechts, 13 oben links, 15 unten links, 21 Mitte links, 82 unten, 93 oben, 101 unten, 104 oben, 107 unten, 121 Mitte und unten links, 124, 133, 142, 143 oben rechts, 150, 151 (Harley-Davidson Archives) sowie 14, 145, 156, 157, 159 unten, 165, 166, 213 unten, 224/225, 230/231, 246, 247, 250/251, 252/253 (Harley-Davidson Presse-Service)
Umschlagfoto: © Harley-Davidson



Printed in Romania

ISBN 978-3-86852-945-6

Horst Rösler

# HARLEY-DAVIDSON

## BIKER-TRÄUME AUS MILWAUKEE

HEEL

# Inhalt

# Einleitung

Wer dachte, dass Harley-Davidson sich nach dem 110. Geburtstag so langsam „zur Ruhe setzten" würde, kennt die „Motor-Company" schlecht: Der 111. Geburtstag von Harley wurde – passenderweise – nur in Köln gefeiert, doch viel früher als noch an anderen großen Geburtstagen wie dem 95., dem 100. und dem 105. setzte eine wahre „Revolution" von Neuheiten ein: So zum Beispiel komplett neu gestaltete Touring-Modelle, bei denen die Erfahrungen der Kunden mit einflossen und ein teils wassergekühlter „Twin Cam"-Motor, der Puristen noch vor 10 Jahren die Haare zu Berge hätte stehen lassen und der jetzt ein Verkaufsschlager ist. Dazu die im November 2013 vorgestellten „Street 500 und 750"-Modelle, die teils in Indien, teils in den USA produziert werden, und jetzt auch noch die elektrische „LiveWire", bei der die Harley-Fahrer schon in der Testphase in die Entwicklung eingebunden werden!

Es tut sich was bei Harley-Davidson. Gut, es wird immer schwieriger, alte „authentische" Harleys im Originalzustand zu finden, dafür ist es umso einfacher, Replika-Antiquitäten auf zwei Rädern zu bauen und „auf alt zu trimmen". In diesem Buch sind einige rare, einige weniger rare und weniger wegweisende „Einzelstücke" vertreten, die – wenn auch teilweise nicht in der „Skunk Works"-Entwicklungsabteilung von Harley-Davidson entstanden – zeigen, was technisch machbar ist. Ohne Zweifel wird sich die Entwicklung in den nächsten Jahren fortsetzen, denn Harley-Davidson ist schon mit dem „Projekt Rushmore" näher an den Markt und die Bedürfnisse des Kunden gerückt, und wird dies in anderen Modelllinien fortsetzen.

Viele der hier gezeigten Maschinen stammen von engagierten Sammlern, die diese Motorräder erstanden, bevor Oldtimer-Motorräder zu Spekulationsobjekten und Wertanlagen erklärt wurden: Die heutigen „Mond-Preise" auf Auktionen sind reine Phantasieprodukte – und Motorräder, die in Tresoren und Sammlungen verstauben, haben gar keinen Wert an sich. Nur wer rollt und fährt, ist ein echter Harley-Klassiker. Und meine Bewunderung gilt den Enthusiasten, die solche rollenden Legenden am Leben erhalten – Chapeau! Mögen sich auch weiterhin solche Enthusiasten finden …

Horst Rösler, Oktober 2014, Bonneville Salt Flats/USA

# 1903

## Vier Gründer, eine Erfolgsgeschichte

*Wenige Motorradhersteller erwecken bei Ihren Kunden derart große Loyalität und Begeisterung wie Harley-Davidson. Hundertausende von Motorradfahrern lassen sich die beiden Familiennamen, aus denen die Firmenbezeichnung zusammengesetzt ist, in die Haut tätowieren, und die Nachbildung des Holzschuppens, in dem das erste Motorrad gebaut wurde, ist eine veritable Pilgerstätte. 1903 wird das Unternehmen gegründet. Die Namen der vier Gründerväter lauten William S. Harley und Arthur Davidson, dazu kommen die Brüder William A. und Walter Davidson.*

MOTOR
CO.

## 1903 Die legendäre Nummer 1

2003 feierte Harley-Davidson 100. Geburtstag. Bis dahin galt es als Gotteslästerung, an der Echtheit von „Nummer 1" zu zweifeln, dem angeblich so und nicht anders 1903 gebauten ersten Harley-Davidson-Motorrad. Mittlerweile steht fest, dass zwar mehrere Motorteile der im Harley-Davidson Museum ausgestellten ersten Maschine die Schlagzahl „1" tragen, dass aber viele Komponenten die Merkmale späterer Baujahre haben. So stammt der Rahmen aus dem Jahr 1905. Was jetzt in der Glasvitrine in Milwaukee steht, ist ein makelloses Museumsstück, aber ob es wirklich einst so glänzend und blitzend ausgesehen hat? Fest steht, dass es die älteste existierende Harley ist und dass einst unter den denkbar dürftigsten Umständen der Grundstein für eine Legende gelegt wurde. Aber es steckt noch immer genug Wahrheit in der Legende, um die „Nummer 1" zur Ikone zu machen.

*Restauriert: Viele Teile von „No. 1" tragen eine Schlagzahl dieser Nummer, aber es gibt auch viele Komponenten späterer Baujahre.*

*Um den eigentlichen Schaukasten herum deutet ein in den Boden eingelassener Leuchtrahmen an, dass der Holzschuppen, in dem die ersten Motorräder entstanden, nicht viel größer war.*

Makelloses Museumsstück: Die No. 1 in Milwaukee.

| | |
|---|---|
| **Motor:** | luftgekühlter 4-Takt Einzylinder, IOE-Ventilsteuerung mit Schnüffelventil |
| **Hubraum:** | 405,20 cm³, 24,74 cubic inch |
| **Leistung:** | 3 PS |
| **Verkaufspreis:** | 200 US-$ |
| **Besonderheiten:** | Kurbelwelle mit „Nummer 1" gestempelt |

*Die Aufnahme von 1912 mit der Negativnummer 599 zeigt Steven J. Sparrow, damaligen Besitzer einer Harley, bei der es sich möglicherweise ...*

*... um die „Nummer 1" handelte, hier im frisch restaurierten Zustand 2003.*

## 1909 Model 5 La Crosse Police

Diese sehr schlanke Erscheinung war einmal ein Behördenfahrzeug: Das Model 5 wurde 1909 an die Polizei von La Crosse im US-Bundesstaat Wisconsin ausgeliefert. Lediglich die Metallteile am Motor wurden gereinigt, ansonsten präsentiert sich das Motorrad mit der Patina eines mehr als 100 Jahre alten Zweirads, das den harten Polizei-Einsatz auf den staubigen Straßen entlang des Mississippi überstanden hat. Polizeichef John Webber, seit 1907 im Amt, führte 1909 die Motorcycle Patrol zur Verfolgung von Verkehrsverstößen ein. 1909 war für Harley-Davidson ein weiteres Jahr des Erfolgs: Mit 1149 Maschinen wurden mehr als doppelt so viele Motorräder wie noch im Vorjahr verkauft. 27 Exemplare des ersten V-Twins Model 5D sollen montiert worden sein, der Rest waren die verbesserten Einzylinder Model 5. Die am häufigsten gebaute Ausführung besaß 28-Zoll-Speichenräder und Batteriezündung – und kostete wie das mit 26-Zoll-Rädern bestückte Modell B 210 US-$. Die größere Zuverlässigkeit gegenüber der Batterie oder der höhere Einkaufspreis für die Zündmagneten machten die Modelle 5A (28 Zoll) und 5C (26 Zoll) je 40 US-$ teurer.

*Das Model 5 war schon 1909 ein alltagstaugliches Motorrad. Hier die La Crosse-Polizeimaschine vor dem Friedhof der Strafanstalt Anamosa.*

| | |
|---|---|
| **Motor:** | luftgekühlter 4-Takt-Einzylinder, IOE-Ventilsteuerung mit Schnüffelventil |
| **Hubraum:** | 494,05 cm³, 30,17 cubic inch |
| **Leistung:** | 4,3 PS |
| **Verkaufspreis:** | 210 – 325 US-$ |
| **Besonderheiten:** | Antrieb über Lederriemen |

Ein Beamter der Detroiter Polizei mit einem späteren Einzylinder-Modell. Die Detroit Police hatte 1908 die ersten Harley-Davidson bekommen.

Der Einzylinder leistete 4 PS

Der Treibriemen auf der linken Seite. Dank speziellen Riemenspanners ließ sich das Hinterrad vom Antrieb entkoppeln.

*Wer Harley-Davidson sagt, meint normalerweise einen dicken V-Twin. Seit 1909 gibt es diese Bauweise made in Milwaukee.*

*2009 feierte Harley-Davidson 100 Jahre V-Twin. Gut, dass die Road King Kupplung, Getriebe und E-Starter hat!*

## 1909 Modell 5D

Wer Harley-Davidson sagt, meint meist ein Motorrad mit Zweizylinder-V-Motor. 1909 taucht in den Verkaufsprospekten der erste V-Twin auf. Bill Harley schuf den großvolumigen V-Zweizylinder mit zwei Pleueln auf einem Hubzapfen. Model 5D hat Magnetzündung und 7 PS Leistung – genug für mehr als 70 km/h. 35 Harley-Davidson-Mitarbeiter produzierten 1909 neben 1122 Einzylindern 27 Motorräder mit V2. Das Triebwerk sollte zum Baumuster für luftgekühlte US-amerikanische Motorradmotoren werden, vor allem aber zum Symbol für die Marke aus Milwaukee. Arbeitsprinzip, Zylinderzahl und -anordnung sowie Ventilzahl haben sich nie geändert: Seit 1909 handelt es sich um einen Viertakt-Zweizylinder-V mit einem Zylinderwinkel von 45 Grad und mit zwei Ventilen pro Zylinder. Das Urmodell war ein „verdoppelter" Einzylinder mit Schnüffelventilen nach DeDion-Bouton-Prinzip. Im Modelljahr 1910 verschwand der Twin kurz aus dem Programm, um im Jahr darauf als 7D (für Double) mit einem Spannsystem für den Riemen zurückzukehren. Der Siegeszug des Twins war von nun an nicht mehr aufzuhalten.

| | |
|---|---|
| **Motor:** | luftgekühlter 45-V-Twin, IOE-Ventilsteuerung mit Einlass-Schnüffelventil |
| **Hubraum:** | 810,42 cm³, 49,46 cubic inch |
| **Leistung:** | 7 PS |
| **Verkaufspreis:** | 325 US-$ |
| **Besonderheiten:** | erster V-Twin, nur 27 Stück gebaut |

*Der V-Twin von 1909: Keine Möglichkeit, die Kraft vom Rad zu entkoppeln!*

*Eine zeitgenössische Aufnahme des 1911er V-Twins*

*Ein restaurierter V-Twin von 1909*

*Unter dem Sattel der Hebel für die Schaltung. Der am Motor entspannt den Riemen.*

## 1912 Model X8A

Ein echter Fortschritt gegenüber den bis dato gebauten Harleys war das Model X8A, vorgestellt 1912. Obwohl die ersten V2 bereits Furore machten, baute das Werk in Milwaukee nach wie vor in erster Linie Einzylinder-Motorräder. Der in der X8A leistete stramme 4,3 PS, die erstmals mittels eines brauchbaren Kupplungssystems aufs Hinterrad übertragen wurden. Die „Free-wheel"-Kupplung schonte den Riemen und machte auch das Halten im laufenden Verkehr sicherer. Der Handhebel sitzt auf der linken Rahmenseite und ist am hinteren Rahmenrohr aufgehängt – das „X" in der Typenbezeichnung steht für die Kupplung. Dazu gab es den „Ful Floteing"-Sattel, der eine Feder im Sattelrohr und zwei unter dem hinteren Ende der Sitzfläche aufwies. Er ersetzte zwar eine Hinterradaufhängung nur unvollkommen, sollte aber jahrzehntelang den Komfort bilden, den Harley-Fahrer bekamen. Er hielt sich bei der Electra Glide bis in die 70er Jahre! Vorbesitzer des Fotomodells war übrigens Disney World in Florida, wo die Maschine in den 70er und 80er Jahren auf der „Mainstreet" zu sehen war – und von tausenden Touristen fotografiert wurde. Heute steht sie toprestauriert im Barber Museum in Alabama.

*Ein Klassiker am Lake Michigan: Gerade kommt die Fähre.*

*Der Bosch-Magnet hinter dem Zylinder ist gut zu sehen.*

| | |
|---|---|
| **Motor:** | luftgekühlter 4-Takt-Einzylinder, IOE-Ventilsteuerung mit Schnüffelventil |
| **Hubraum:** | 522 $cm^3$ |
| **Leistung:** | 4,3 PS |
| **Verkaufspreis:** | 225 US-$ |
| **Besonderheiten:** | Kupplung über Handhebel |

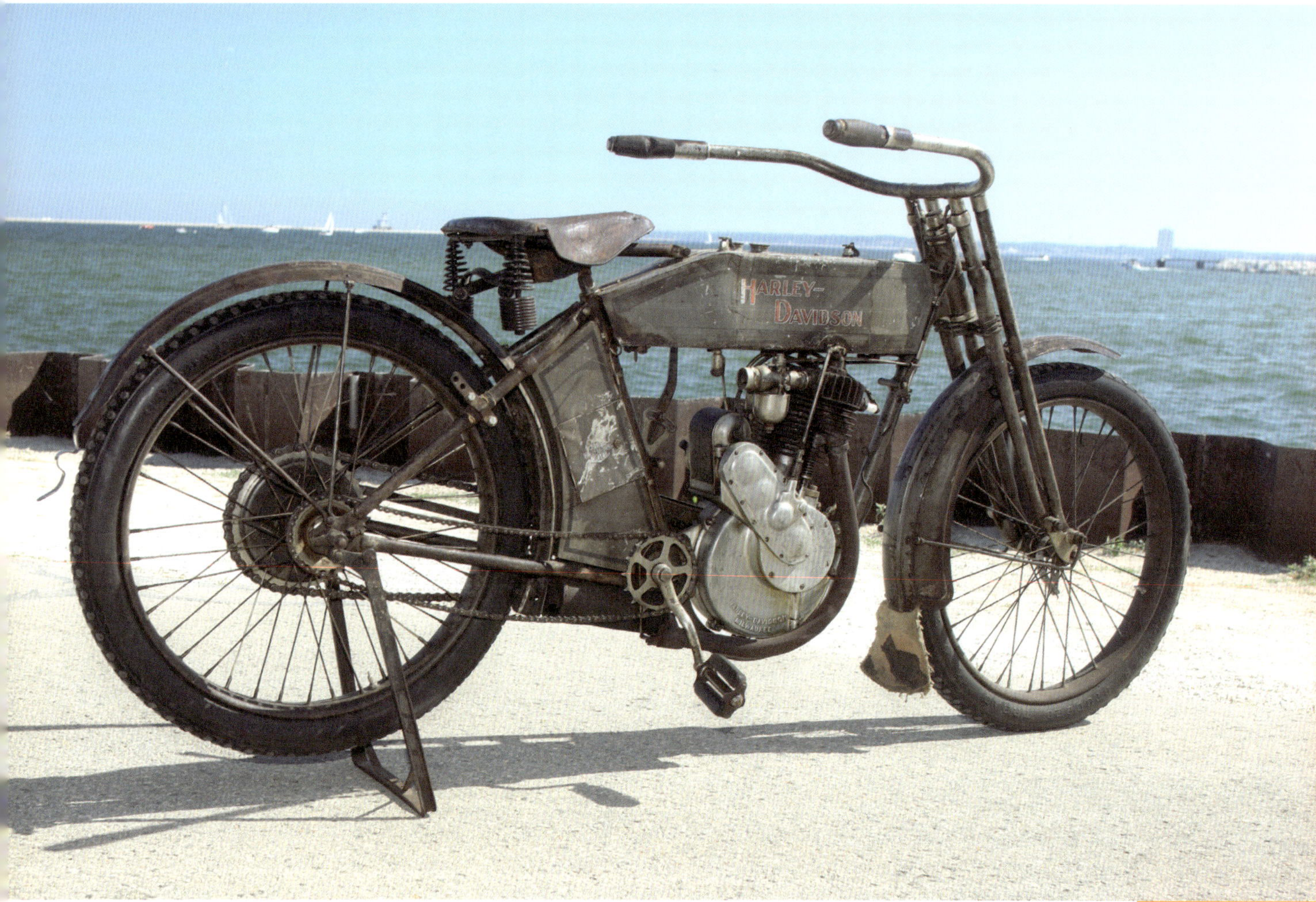


Das Modell 9B wirkt bereits wie ein richtiges Motorrad.

Der kompakte Einzylinder leistet knapp 5 PS aus 565 Kubik.

Für Öl und Benzin ist der Tank in zwei Hälften geteilt.

## 1913 Modell 9B

1912 arbeiten bereits 1076 Angestellte für Harley-Davidson. Der amerikanische Motorradmarkt erlebt sein „Goldenes Zeitalter". Von 1912 (3852 Einheiten) bis 1913 (12.966) wird sich die Motorradproduktion bei Harley mehr als verdreifachen. Alle Modelle sind jetzt mit Speichenrädern der Größe 28 x 2 ¾ Zoll ausgerüstet, und es gibt nur noch drei Grundmodelle: „Nine A", „Nine B" und „Nine C". Der Einzylinder-Motor wird als „5-35" bezeichnet, weil er 5 PS aus 35 Kubik-Inches liefert. Model 9A wird weiterhin von einem Riemen angetrieben, die 9B von der bei schlechtem Wetter zuverlässigeren Kette. Zum ersten Mal wird auch beim Einzylinder das Einlassventil über Nocke und Hebelarm betätigt – diese als „F-Head" bezeichnete Anordung besaß der Zweizylinder schon ab 1911. Die Maschine des Barber Museums in Birmingham/Alabama präsentiert sich fast vollständig im Originalzustand: Lack, Motor, Metallteile tragen alle Gebrauchsspuren wie sie im Laufe eines Motorradlebens auftreten. Nur die Reifen sind neu: diese Harley-Davidson 9B von 1913 fährt noch immer!

Einlassventil, ab 1913 zwangsbetätigt

Gut zu sehen: Die „Ful-Floteing" Sitzanordnung

| | |
|---|---|
| **Motor:** | luftgekühlter 4-Takt-Einzylinder, IOE-Ventilsteuerung |
| **Hubraum:** | 565 cm³, 35 cubic inch |
| **Leistung:** | 4,5 PS |
| **Verkaufspreis:** | 290 US-$ |
| **Besonderheiten:** | Kettenantrieb |

## 1913 Package Truck

1914, da war das Unternehmen Harley-Davidson elf Jahre alt, waren im Dienst der US-amerikanischen Post bereits fast 5000 Motorräder der Marke aus Milwaukee vor allem in den ländlicheren Regionen unterwegs. Das motorisierte Zweirad hatte sich also in kurzer Zeit bestens als Arbeitsgerät etabliert. Harleys dienten aber auch für Transportzwecke vieler Behörden. 1915 kam das erste Fahrzeug, das Harley-Davidson gezielt als Liefermotorrad konzipiert hatte. Den „Package Truck" gab es in zweierlei Ausführung: mit Seitenwagen oder als eine Art Trike mit zwei Vorderrädern. Die Beiwagenvariante umfasste einen hölzernen Behälter mit aufklappbarem Deckel oder hinterer Flügeltür. Sie wurde weitaus häufiger hergestellt als das „Forecar", das vorn einen Frachtbehälter zwischen den Rädern trug, ab dem Lenkrohr aber ein ganz gewöhnliches Motorrad war. Mit der Seitenwagen-Version teilte sich das „Forecar" den niedrigverdichteten Motor mit kürzer übersetztem Getriebe. Die „Forecars" wurden oft sehr individuell umgebaut, gern in Formen, die ans Gewerbe des Eigners erinnerten, etwa als riesige Milchflaschen, wenn das Dreirad für eine Molkerei unterwegs war. Package Trucks wurden bis 1957 gebaut.

*Aufwändig restauriert präsentierte sich der wohl einzige noch existierende Package Truck beim 110-jährigen Harley-Davidson-Jubiläum.*

*1920 wurde der Truck für 40 Jahre in einem Schuppen abgestellt. Die Restaurierung dauerte weitere 40 Jahre.*

*Mike Schuster und sein Team montieren den „Harley-Truck" am Morgen vor der Harley-Davidson-Bikeshow 2013.*

*Werbeaufnahme vor dem Harley-Werk*

| | |
|---|---|
| **Motor:** | luftgekühlter 45°-V-Twin, IOE-Steuerung |
| **Hubraum:** | 988,1 cm³, 60,3 cubic inch |
| **Leistung:** | 11 PS |
| **Verkaufspreis:** | 360 bis 425 US-$ |
| **Besonderheiten:** | durchzugsstarke Allroundmaschine |

*Anzeige für den Harley-Davidson „Motorcycle Truck"*

*Das ist möglicherweise der älteste Harley-V-Twin, der noch in Europa unterwegs ist. Die Seitenwagen gab es ab Werk für links- wie für rechtsseitige Montage.*

## 1914 Model 10 F

Auch in Europa gibt es viele alte und fahrfähige Harley-Davidsons, wenn auch nur wenige aus der Zeit vor dem Ersten Weltkrieg. Olofsson Yngsjö präsentierte auf der Harley-Davidson Superrally in Schweden, was Europas ältester fahrender Harley-Davidson V-Twin sein könnte. In den Jahren 1911 bis 1915 kontinuierlich weiterentwickelt, besitzt das Modell 10 F schon Kettenantrieb zum Hinterrad und eine 2-Gang-Schaltung in der Hinterradnabe. Diese Maschinen sind selten geworden, denn die 2-Gang Nabe wurde schon bald vom ersten 3-Gang-Getriebe abgelöst.

Mit 8 PS ist das schwere Gespann, zumal wenn voll besetzt und mit Gepäck, im heutigen Straßenverkehr sicherlich kein Sprinter, aber zu ihrer Zeit glänzten die großvolumigen IOE-Twins vor allem mit Durchzug aus dem Drehzahlkeller. 1914 ersetzte Harley-Davidson

*Auftritt bei der Superrally in Schweden: Die Rarität aus dem Jahr 1914.*

| | |
|---|---|
| **Motor:** | luftgekühlter 45°-V-Twin, IOE-Steuerung |
| **Hubraum:** | 988,1 cm³, 60,3 cubic inch |
| **Leistung:** | 8 PS |
| **Verkaufspreis:** | 285 US-$ plus 85 $ für Seitenwagen |
| **Besonderheiten:** | möglicherweise ältester fahrbereiter Harley-Twin in Europa |

*Im Traumzustand präsentiert sich der restaurierte V-Motor.*

auch die Pedale zum „Anpaddeln" des Motors durch einen Kickstarter-Mechanismus und die Fahrer konnten ihre Stiefel auf großen Trittbrettern abstellen.

Mittlerweile war auch die Factory in der Juneau Avenue kräftig ausgebaut worden und viele Teile, die man zuvor zugekauft hatte, wurden jetzt selbst gefertigt, so auch Bremsen und Radnaben. Die Ölpumpe auf dem Tank ist für Handbetrieb und erinnert den Fahrer in dieser Position an die regelmäßige Betätigung: Motorradfahren war 1914 eine Vollzeitbeschäftigung, wollte man den Motor nicht überhitzen und kaputtfahren.

## 1916 Model M

Alte Harley-Davidson-Motorräder in Aktion zu sehen, ist ein seltener Genuss. Dieter Hofem hütet seine Schätze nicht einfach in Museumsräumen – er fährt sie auch. Bei Klassik-Events wie der Keilriemenfahrt bei Worms oder der Magic Bike in Rüdesheim zeigt er nicht nur die Maschinen – er fährt sie in stilechter Bekleidung. Der F-Head, das „F" kennzeichnet die Zylinderkopfsteuerung „IOE" oder „Inlet over Exhaust" (Einlass- über dem Auslass-Ventil), trägt die Seriennummer 16 M 1627, was ihn in der Harley-Numerologie als „Standard Commercial Sidecar" ausweist. Ein „Arbeitstier" mit einer Transportbox als Seitenwagen. Wie wichtig Seitenwagen für Personentransport und für kommerzielle Zwecke waren, zeigt die Tatsache, das Harley-Davidson nicht weniger als neun verschiedene Seitenwagen-Varianten anbot, von denen allerdings nur zwei – „L" und „M" – im 1916er Katalog gelistet sind. Außerdem experimentierte man für das Militär mit Seitenwagen-Versionen mit Maschinengewehr, als Munitionstransporter und als schneller Krankentransport mit Trage. Als Motorvarianten kamen die Versionen „F" und „J" zum Einbau, letztere mit komplettem elektrischen System.

*Big Bike anno 1916: Das Modell M mit stilechten Accessoires.*

| | |
|---|---|
| **Motor:** | luftgekühlter 45°-V-Twin, IOE-Steuerung |
| **Hubraum:** | 988,1 cm³, 60,3 cubic inch |
| **Leistung:** | 11 PS |
| **Verkaufspreis:** | – |
| **Besonderheiten:** | durchzugsstarke Allroundmaschine |

*Weiße Reifen und Griffe passen bestens zum hellgrauen Lack der perfekt restaurierten Maschine.*

*Eigentlich gehört ein Seitenwagen zur M, hier ist er montiert.*

*Hier waren einst Militärversionen zu sehen: Das Fort Froideterre bei Verdun.*

*Spezieller Anhänger: Mittels Kastens und zweier weiterer Räder wurde das Motorrad zum Brieftaubenexpress.*

## 1917 Model J als Brieftauben-Transporter

Dale Walksler vom Museum „Wheels through Time" in Maggie Valley im US-Bundesstaat North Carolina besitzt diese weltweit wohl einzigartige Harley-Davidson mit einem Spezialanhänger für Brieftauben. Fahrfähig und weitestgehend noch in einem akzeptablen Originalzustand. Brieftauben waren im Ersten Weltkrieg ein weit verbreitetes Kommunikationsmittel.

Die Zugmaschine trägt die Motornummer L17T12887. Laut Literatur ist L17 eine Seitenwagenmaschine, doch im Rahmen der Kriegsproduktion wurden zahlreiche Seitenwagen für Sonderfunktionen umgestaltet, so auch als Munitionstransporter, als Krankenträger und für andere Aufgaben, die teils oft erst in den mobilen Service-Werkstätten erdacht wurden. Motorräder wurden für vielfältige Verbindungsaufgaben genutzt.

Jeder Division waren ein Bataillon des Signal Corps und eine Kompanie Militärpolizei zugeordnet – Einheiten, für die Mobilität besonders wichtig war. Das Signal Corps, zuständig für alle Kommunikation zwischen Kommandostellen auf allen Ebenen, nutzte die Motorräder zur Verlegung und zur Kontrolle der Kabel zu den vorderen Kommandostellen. Auch die Brieftauben, die oft letzte Kommunikationsmöglichkeit an der Front, wurden mit Spezialtransportern auf Motorrädern an die Front gebracht, um im Notfall die Verbindung mit den Stabsstellen aufrecht zu erhalten.

Eigentlich war das Motorrad für den Betrieb mit Seitenwagen vorgesehen gewesen.

| | |
|---|---|
| **Bauart Motor:** | luftgekühlter 45°-V-Twin, IOE-Steuerung |
| **Hubraum:** | 988,1 cm³, 60,3 cubic inch |
| **Leistung:** | 11 PS |
| **Verkaufspreis:** | 310 US-$ |
| **Besonderheiten:** | weltweit wohl ein Einzelstück |

*Einzelstück: Vermutlich hat kein weiterer Pigeon Carrier überlebt.*

Stilechtes Racer-Outfit

Der Eigenbau-Renner besitzt sogar eine Bremse im Hinterrad.

## 1918 Model T Rennmaschine

Begibt man sich schon auf der Suche nach den Ursprüngen der mit „T" gestempelten Motoren von Harley-Davidson auf brüchiges Eis ohne jeden Rückhalt in der Literatur, so wird es bei einer Rennmaschine mit „T"-Motor extrem dünn. Ein ehemaliger Militär-Twin in einem Rennrahmen ist eigentlich ein Widerspruch in sich, zumindest wenn die Maschine auf den Boardtracks der USA gegen die Werksrenner von Harley-Davidson hätte antreten müssen. Harley stellte seinen wahrhaft „bahnbrechenden" 61-cui-Achtventiler im Keystone-Rahmen schon 1916 vor und musste ihn auf Drängen der Federation of American Motorcyclists (FAM) auch dem Publikum anbieten. Was man zu einem Preis von 1500 US-$ auch tat, also so teuer, dass sichergestellt blieb, dass kein Privatmann diese Maschine kaufen konnte. Der „Keystone"-Rahmen nutzt den Motor als tragendes Element: Statt der unteren Rahmenschleife werden zwei Bleche verschraubt. Damit rückt der Schwerpunkt nach unten und die Zylinder sind bei eingebautem Motor zugänglich. In so einem Rahmen tickt auch der „T"-Motor von Andreas Wehrmann, dessen Klassiker man in Europa auch live etwa in den ehemaligen Steilwandbahnen in Bielefeld und in Darmstadt erleben kann. Seit mehr als zehn Jahren hat sich eine eingefleischte Gemeinde von klassischen Harley-Sammlern versammelt, um ihre Schmuckstücke dort zu präsentieren, wo der Einsatzort war: auf alten Fahrrad-Rennstrecken, die etwas von der Rennatmosphäre vom Anfang des 20. Jahrhunderts in die Gegenwart bringen. Nicht nur für Harley-Freunde ein echtes Erlebnis!

| | |
|---|---|
| **Motor:** | luftgekühlter 45°-V-Twin, IOE-Steuerung |
| **Hubraum:** | 988,1 cm³, 60,3 cubic inch |
| **Leistung:** | ca. 20 PS (mit Alkohol wesentlich mehr) |
| **Verkaufspreis:** | 310 US-$ |
| **Besonderheiten:** | umgebaut zum Boardtrack-Racer |

*Bielefeld 2012: Eine der klassischen Fahrradrennstrecken wird zum „Boardtrack".*

*Ein Motorrad-Klassiker der Harley-Factory Frankfurt im Originalzustand. Patina und originaler Lack zählen heute wieder mehr als ein fabrikneu restauriertes Museumsstück.*

## 1918 Model T

Diese sehr interessante Maschine trägt die Motornummer 18T5425. Im Jahr 1917 baute Harley-Davidson ein „Model T" mit einem 61 cui großen F-Head Motor, völlig von allem überflüssigem Zubehör befreit, als „Stock Racer". Stückzahl: 1. „T" sollte also für „Track" stehen. Warum Armeemodelle des Modelljahres 1918 plötzlich mit „T" gestempelt wurden, obwohl es eigentlich „F" waren, ist nicht mehr zu ergründen. Unbestätigten Informationen zufolge soll das „T" für „Transport" stehen – bei 11.764 produzierten „F" und 8095 montierten „FUS" – das „US" steht für US-Army und „Gouvernment Use Only".

Der Originalzustand der 18T5425 ist es, der dieses Motorrad so wertvoll macht: Mit diesen Motorrädern zog die US-Armee in den Krieg gegen das Kaiserreich. Im Harley-Davidson-Museum in Milwaukee steht ein 1918er Armee-Modell ohne Markenzeichen und mit großen Armee-Schutzblechen. So sahen die wenigsten aus. Bei den Truppen in Europa fuhr ein wilder Motorrad-Mix mit und ohne Schriftzug, mit und ohne Zierstreifen, und Teile wurden „wild" untereinander ausgetauscht. Offensichtlich wurden die Motorräder so wie sie aus der Fertigung rollten, an die Armee-Einheiten durchgereicht. Harley-Davidson hatte nicht die gesamte Produktion auf den Militärbedarf ausgerichtet.

| | |
|---|---|
| **Motor:** | luftgekühlter 45°-V-Twin, IOE-Steuerung |
| **Hubraum:** | 988,1 cm³, 60,3 cubic inch |
| **Leistung:** | 11 PS |
| **Verkaufspreis:** | 310 US-$ |
| **Besonderheiten:** | durchzugsstarke Allroundmaschine |

Die in Transportkisten gelieferten Motorräder wurden vor Ort in den Ausschiffungshäfen montiert und dann den Einheiten übergeben. Nach Ende der Kampfhandlungen verblieben die Motorräder in Europa und wurden zunächst von der Besatzungsarmee in der US-Zone für Verbindungsaufgaben genutzt, die Reste verkauft oder verschrottet. 18T5425 stammt aus Belgien. Man wünscht sich fast, diese mit Original-Patina geschmückte Maschine könnte ihre ganze Geschichte erzählen. Der Motor läuft jedenfalls noch genau so gut wie einst 1918.

*Der Tank des T-Modells birgt sowohl den Benzin- als auch den Ölvorrat.*

*Die einfachste und robusteste Version des F-Head lieferte 1918 16 PS.*

*Trotz Zierstreifen: Diese Maschine kann ein Ex-Militärfahrzeug sein.*

# 1920

## Die größte Motorradfabrik der Welt

*Am 11. November 1918, 11 Uhr, endete der Erste Weltkrieg. Zu diesem Zeitpunkt war Harley-Davidson die größte Motorradfabrik der Welt, der Hauptkonkurrent „Indian" durch Fehlentscheidungen angeschlagen. Doch Produktionskapazität kann auch zum Fluch werden, wenn die Nachfrage nicht Schritt hält. Das musste Harley-Davidson noch vor dem Börsenkrach und der Depression erfahren.*

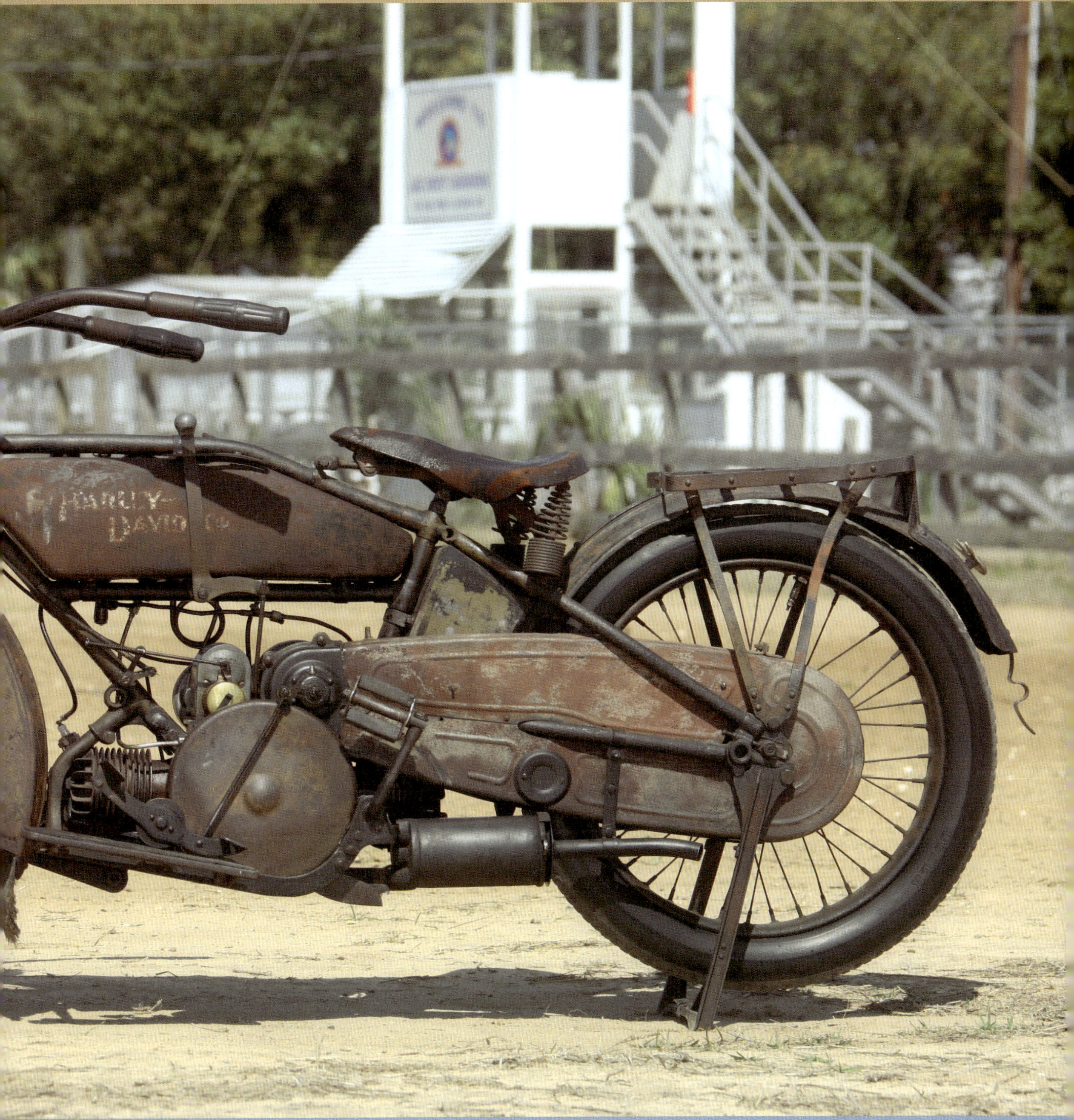
HARLEY-
DAVIDSON

## 1920 Model W

Das Modell W ist selbst für damalige Verhältnisse ein außergewöhnliches US-Motorrad. Die Entwicklung begann mitten im Ersten Weltkrieg, etwa 1916/17. Mit niedrigem Schwerpunkt, vibrationsarmem Motor (der durch seine Bauart zudem noch ein Minimum an Teilen aufwies) und gerade mal 120 kg Gewicht war die W das ideale Motorrad für militärische Anforderungen wie Verbindungs- und Kurieraufgaben.

Alles an diesem Motorrad war auf höchste Zuverlässigkeit ausgelegt, Schwungrad und Kettenantrieb gekapselt, die Bodenfreiheit enorm. Englische Truppen setzten die „Douglas"-Boxermodelle bereits mit großem Erfolg bei ihren Truppen ein. Für den Einsatz im Krieg kam die W dann aber doch zu spät. Schließlich wurde sie als Sport-Modell oder als „Frauenmaschine" vermarktet. Wie wendig und robust die W im Gelände war, bewies John Edwin Hogg, der mit seiner Maschine vom 14. bis 16. Januar 1921 zum Grund des Grand Canyon fuhr. Sein Foto ziert den Titel des Markenmagazins *Enthusiast* vom März 1921.

Die Verkaufszahlen waren gar nicht so schlecht. Doch Harley erlebte von 1919 (23.279 Motorräder) über 1920 (27.490), 1921 (11.460) und 1922 (10.786) einen massiven Produktionseinbruch. 1923 war das letzte Produktionsjahr des „Sport Model W".

Harley-Davidson-Sammler Louie Hale aus Augusta/Georgia beließ seine 1920er W in dem Zustand, in dem er sie gefunden hat. Das Motorrad ist im Originalzustand, aber voll funktionsfähig.

*Die niedrige Silhouette und die leichte Bauart kennzeichnen die W.*

| | |
|---|---|
| **Motor:** | luftgekühlter 2-Zylinder-4-Takt-Boxer, quer eingebaut, Seitenventiler |
| **Hubraum:** | 584,03 cm³, 35,64 cubic inch |
| **Leistung:** | 6 PS |
| **Verkaufspreis:** | 335 US-$ |
| **Besonderheiten:** | einfach zu wartendes und handhabendes Vielzweck-Motorrad |

Der gekapselte Antriebsstrang deutet auf eine militärische Verwendung hin.

Boxer mit simpler Technik: Sport Modell W von 1920. Ansaugtrakt und Abgasabführung waren in einem Gussteil untergebracht.

*Schaltung, Öl- und Benzintank. Die handbetätigte Ölpumpe ist jetzt in den Tank eingelassen.*

*Zum Baujahr 1922 gab es Verbesserungen im Motor. Auch die Gabel bekam mehr Federweg, erkennbar an den langen Rohren, in denen die Federn der Springergabel gelagert sind.*

## 1922 Model F

1921 stellte Harley-Davidson seinen ersten 74-cui-Motor vor – eine Hubraumklasse, die bei den Big Twins bis in 80er Jahre Bestand hatte und noch heute in den 1200er Sportster-Modellen lebt. Die Modelle mit nur 61 cui sind optisch kaum zu unterscheiden: Am Zylinderkopf gibt es nur fünf Kühlrippen statt deren sechs wie bei den 74er-Modellen. Im Modelljahr 1922 wurden zudem die Ölpumpen mitten in der Serie geändert: Die waagerecht liegende Pumpe kennzeichnet die Maschine aus der Sammlung von Auspuff-Hersteller Samson als späte 1922er. Diverse Änderungen im Innenleben des Motors kamen der Zuverlässigkeit und der Leistungsausbeute zugute. Die Motorenentwicklung geschah im Motorsport und verlief nach der Methode „Versuch macht klug". Das robuste Motorendesign hatte sich bei den Militärmaschinen bewährt, auch wenn die IOE-Ventilsteuerung nicht wirklich dazu geeignet war, hohe Motorleistungen zu produzieren. Die auffälligste Änderung des 1922er Jahrgangs war die Einführung eines dunkleren Oliv-Tons, der bei dieser Teilrestaurierung allerdings nicht genau getroffen ist. Wie die Kriegsparteien hatte Harley-Davidson erwartet, dass der Erste Weltkriegs bis in die 20er Jahre dauern würde – und hatte nun große Mengen Lacks zu verarbeiten, glücklicherweise in einem populären Farbton! Das dunkle Oliv von 1922/23 erwies sich als Flop, weshalb man noch zehn Jahre lang beim „Military Look" blieb.

An der linken Fahrzeugseite sind gut Schalt- und Kupplungshebel zu sehen. Letzterer arbeitet per Stange aufs Fußpedal.

Durchdachte Details: Die Kupplung kann per Hand oder mit der Fußwippe betätigt werden.

| | |
|---|---|
| **Motor:** | luftgekühlter 45°-V-Twin, IOE-Steuerung |
| **Hubraum:** | 1000 cm³, 61 cubic inch |
| **Leistung:** | ca. 18 PS |
| **Verkaufspreis:** | 335 US-$ |
| **Besonderheiten:** | durchzugsstarke Alltagsmaschine |

## 1927 JD

1927 war das Konzept des F-Head Twins schon etwas in die Jahre gekommen. Um es milde auszudrücken. Das JD Modell besaß den 74-cui-Standard-Motor mit einem 3-Gang-Getriebe und elektrischer Ausrüstung. Das Bestellformular von Harley-Davidson rief 320 Dollar für das Motorrad auf, und 9691 Motorräder verließen die Fabrik in Milwaukee. Das war die Hälfte der Motorradfertigung für dieses Modelljahr. Das Modelljahr 1927 war außerdem das letzte ohne Vorderradbremse. Mittlerweile waren die Straßen besser geworden und der Verkehr so dicht, dass man mehr Bremskraft brauchte. Wer sich den primitiven Mechanismus am Hinterrad betrachtet, der ahnt, warum so wenige Motorräder die Zeit überdauert haben. Die hier gezeigte JD ist möglicherweise eine alte Polizeimaschine.

*Fast original: Modell JD von 1927*

*Arztmotorrad oder Spitzname? „Doc" auf dem Werkzeugkasten*

*Sturzbügel für die heute noch staubigen Straßen von Utah.*

*1927 ein Auslaufmodell: F-Head Motor*

*Bei der original erhaltenen JD handelt es sich möglicherweise um eine alte Polizeimaschine.*

| | |
|---|---|
| **Motor:** | luftgekühlter 45°-V-Twin, IOE-Steuerung |
| **Hubraum:** | 1216 cm³, 74,21 cubic inch |
| **Leistung:** | 24 PS |
| **Verkaufspreis:** | 320 US-$ |
| **Besonderheiten:** | letztes Modelljahr ohne Vorderradbremse |

*Ohne Bremsen ins Oval – Rennsport Anno 1928*

*Acht Ventile für ein Harleyluja: dass die Flammen aus den vorderen Auspuff-Öffnungen nicht den Vergaser in Brand setzen, grenzt an ein Wunder.*

*Mit dem Vierventiler beschleunigten die Renner auf bis zu 200 Stundenkilometer.*

*Die Vorderradführung besteht aus der Springergabel mit Reibungsdämpfer.*

| | |
|---|---|
| **Motor:** | luftgekühlter 45°-V-Twin, OHV 3-Ventiler |
| **Hubraum:** | 1200 cm$^3$ |
| **Leistung:** | je nach Treibstoff |
| **Verkaufspreis:** | Einzelanfertigungen der HD-Rennabteilung |
| **Besonderheiten:** | fährt mit Alkohol |

*Ölschleuder: Rennen auf den schmierstoffbedeckten Boardtracks waren für alle Beteiligten lebensgefährlich.*

## 1928 JDH Boardtrack Racer

Das Datum, an dem sich Harley-Davidson zum ersten Mal an einem Rennen beteiligt, ist bekannt: Am 9. September 1904 schreibt sich Walter Davidson, der spätere Präsident, in die Teilnehmerliste des Motorradrennens auf der Pferdebahn von Milwaukee ein. In den USA wurden vor allem Boardtrack-Rennen auf Fahrrad-Rennstecken populär, und die Rennmaschinen mit ihren ungedämpften Motoren, mit Fahrwerken ohne Bremsen und Tempi von mehr als 150 km/h waren ein Spektakel. Die großen oft nur aus Holz gezimmerten Boardtrack-Arenen wie Maywood bei Chicago lockten zehntausende von Zuschauern zu den Rennen, die nicht nur für die Fahrer oft halsbrecherisch waren: Die nur durch den Motor gebremsten Bikes spuckten Öl auf die Fahrbahn und stürzende Fahrer und Bikes schossen in den Kurven über die Streckenbegrenzung hinweg in die Menge. Es waren die Gladiatorenspiele des 20. Jahrhunderts. 1928 wurde diese JDH gebaut. Vier OHC-gesteuerte Ventile pro Zylinder besorgen den Gasdurchfluss – aus den Auslassöffnungen der Zylinderköpfe schießen bellend Flammenzungen. Getriebe? Fehlanzeige! Die Kraft des 1200-cm$^3$-Motors wird lediglich über eine Kettenrad-Umlenkung ans Hinterrad geleitet. Je nach Streckenlänge kamen diese Maschinen schon bis auf 200 km/h! Der Fahrer pumpt während der Fahrt das Öl über eine Handpumpe in den Motor. Bremsen sind bei diesen Rennen nicht vorgesehen.

| | |
|---|---|
| **Motor:** | luftgekühlter 45°-V-Twin, IOE-Steuerung |
| **Hubraum:** | 1216 $cm^3$, 74,21 cubic inch |
| **Leistung:** | 24 PS |
| **Verkaufspreis:** | 320 US-$ |
| **Besonderheiten:** | zahlreiche Modellvarianten |

*Das war einmal ein Haufen loser Teile, nun ist es ein makelloser 1200er-Motor.*

## 1928 JD

Steve Coe aus Daytona Beach hat immer das Ohr an der Szene, wenn es um altes amerikanisches Eisen geht. In seiner abgelegenen Werkstatt vor den Toren von Daytona Beach hat er schon so manchen Scheunenfund gerettet. Die JD von 1928 war ein „Basket Case", also ein Haufen loser Teile in Kisten, jenseits von gut und böse – und somit im Originalzustand nicht mehr wert als Altmetall. In aufwändiger Kleinarbeit wurde der Schrott wieder flott. Jedes Bauteil wurde entrostet, der Lack entfernt und die Komponenten auf ihre Verwendungsfähigkeit überprüft. Selbst kleinste Details wie Schrauben und Zylinderkopf-Entlüftungen sind original. Für die Schläuche und Züge setzte Steve auf moderne Komponenten, denn die Maschine ist fahrfähig und wird von ihm auch gelegentlich bei AMCA-Veranstaltungen bewegt. Die JD von 1928 war mit 11.007 Exemplaren die am meisten gebaute JD – und es war das erste Modelljahr mit Vorderradbremse. Es ist ein Brot- und Butter-Motorrad der Wilden Zwanziger, denn die aufregenderen Modelle des Jahrgangs 1928 waren eigentlich die JH und JDH mit dem schnelleren „Twin Cam" Motor und einem sportlicheren Fahrwerk.

*Brot- und Butter-Motorrad 1928: JD*

*Schaltbox für die Elektrik*

*Solides Alltagsmotorrad: 1483 Stück wurden im Modelljahr1930 gebaut.*

*1930 eingeführt: Doppel-Schlüssel-Instrumentenboard*

Nicht unschuldig am Sound: Pea-shooter-Auspuff

| | |
|---|---|
| **Motor:** | Einzylinder-4-Takt Motor, seitengesteuert |
| **Hubraum:** | 492,48 cm³, 30,05 cubic inch |
| **Leistung:** | 10,5 PS |
| **Verkaufspreis:** | 260 US-$ |
| **Besonderheiten:** | kleiner, aber potenter Motor im großen Rahmen |

*Wetterschutz: die originalen Lenkerstulpen*

## 1930 Model C „Peashooter"

Nachdem das „Sport Model W" zumindest in den USA nicht genügend Anklang gefunden hatte, musste ein neuer Typ her. Deshalb entwickelte man einen komplett neuen Motor, der zudem mit Rennerfolgen unterstützt werden sollte. Die „Roaring Twenties" waren die Geburtsstunde der „Dirt Tracks". Harley-Davidson hatte die Rennerei zunächst den Privatfahrern überlassen, sich aber dennoch mit den Erfolgen gebrüstet: „Wir können nichts dafür, wenn andere Leute mit unseren Maschinen Rennen gewinnen", lautete einer der Slogans. Für das Modelljahr 1926 wurden neue Einzylinder vorgestellt: Komplett neu entwickelt waren die Modelle A, AA, B, und BA mit Seitenventil- und OHV-Motoren. Die Seitenventiler lieferten aus 21 cui solide 8 PS, während es die „heißen" OHV-Singles auf 12 PS brachten. Nun war Harley auch wieder mit Werksrennern am Start. Einer der bekanntesten Fahrer der Peashooter war Harley-Legende Joe Petrali. Mit der Peashooter räumte er mächtig ab. Sein Arbeitsgerät war das Modell AA, ein reinrassiges Rennmotorrad für den Einsatz auf den holprigen Dirt-Track-Pisten im „Wilden Westen" der USA. Ihren Spitznamen erhielt die Peashooter (eigentlich Erbsen-Blasrohr) vom knallenden Auspuffgeräusch, das klang wie ein Luftgewehr bei Schnellfeuer.

### 1930 DAH „Hillclimber"

Clarence Pearce war Harley-Davidson-Händler in Greenville bei Atlanta/Georgia und fuhr diese Rennmaschine bis in die 50er Jahre in den Südstaaten. Hillclimbs waren einst ungeheuer populäre Spektakel. Viele Rennmaschinen wurden eigens sehr aufwändig präpariert mit speziellen Rahmen, weit vorn platziertem Sattel und angepasster Übersetzung. Der Pearce-Hillclimber hat einen 750 $cm^3$ großen V2, der bereits mit OHV-Ventilsteuerung ausgerüstet ist und mit Alkohol befeuert wurde. Für die 30er Jahre muss die Maschine eine furchterregende Leistungsentfaltung gehabt haben. Flammen schossen rechts und links aus den Auspuffstummeln, wenn der Fahrer am Fuße des Berges den Gasgriff aufdrehte und den Fuß von der Kupplung löste. Nur mit Zündunterbrecher, Kupplung und Hinterradbremse konnten die Fahrer das wild ausschlagende Bike bändigen und bergwärts treiben. Ein Wahnsinns-Spektakel, das riesige Zuschauermengen anlockte.

*Ein ungewohnter Hintergrund für einen Hillclimber: Die DAH auf dem Salzsee von Bonneville.*

Eine DAH diente auch als Vorbild für diese Hillclimber-Bronzeplastik.

| | |
|---|---|
| **Motor:** | 45°-V-Twin, 4-Takt, OHV |
| **Hubraum:** | 750 cm³, 45 cubic inch |
| **Leistung:** | bis zu 50 PS |
| **Verkaufspreis:** | Einzelanfertigungen für Motorsport |
| **Besonderheiten:** | Spezialrahmen, Motor mit Alkohol betrieben |

*Zwei Auspuffstummel ragen aus jedem Zylinder: Alle Teile sind zur Gewichtsersparnis gelocht.*

*Auf der rechten Fahrzeugseite sieht der 45er-Motor der DL klar und aufgeräumt aus. Der Schalldämpfer entspricht dem der „Peashooter".*

## 1930 Modell DL Sport Solo

Die 1930er DL ist ein Beispiel für die auffälligste Änderung im Harley-Design Anfang der 30er Jahre. Olivgrün war „out", Konkurrent Indian war gerade von der Familie des Farbenherstellers DuPont übernommen worden und hatte nun Zugriff auf die besten Lacke der damaligen Zeit. Da musste Harley-Davidson nachziehen, zumal die Verkaufszahlen nach dem Börsencrash mit atemberaubendem Tempo schrumpften. Die 1929 vorgestellte „D" – gut erkennbar durch die neben dem vorderen Zylinder montierte Lichtmaschine – war mit dem 750er-Seitenventiler nicht unbedingt die technisch brillanteste Lösung. In den Produktionsjahren 1929 bis 1931 wurden Motor – ein hochverdichteter Flathead mit Dow-Metal-Kolben, das „L" steht für höhere Kompression – und Fahrwerk ständig verbessert. 1930 gewährte ein neuer Rahmen niedrigere Sitzhöhe plus mehr Bodenfreiheit. Nur in diesem Modelljahr wurde die Werkzeugbox an der Gabel montiert. Den Antriebsproblemen versuchte man mit einer automatischen Ölung der Duplex-Primärkette und einer größeren Kupplung beizukommen. Der oft als „dritter Zylinder" verspottete Generator besaß separate Spulen für Beleuchtung und Bordelektrik.

*Ausgesprochen eng ging es im Rahmen zu.*

*Optisch durchaus gelungen, allerdings verdeckt die Lichtmaschine aus dieser Perspektive fast den vorderen Zylinder.*

*Die runde Werkzeugbox wurde nur 1930 an der Gabel montiert.*

| | |
|---|---|
| **Motor:** | luftgekühlter 45°-V-Twin, seitengesteuert |
| **Hubraum:** | 741,8 cm³, 45,26 cubic inch |
| **Leistung:** | ca. 18,5 PS |
| **Verkaufspreis:** | 290 und 310 US-$ |
| **Besonderheiten:** | vielfältig eingesetzter Seitenventiler |

| | |
|---|---|
| **Motor:** | luftgekühlter 45°-V-Twin, seitengesteuert |
| **Hubraum:** | 741,8 cm³, 45,26 cubic inch |
| **Leistung:** | ca. 18,5 PS |
| **Verkaufspreis:** | 290 US-$ |
| **Besonderheiten:** | versetzt eingebaute Lichtmaschine |

*Kam schon in den 1930er Jahren nach Finnland: Modell D.*

*1929 war der Seitenventiler eingeführt worden.*

*Sieht aus wie ein dritter Zylinder: die Lichtmaschine vorn links*

## 1930 Model D

Das Modell „D" mit völlig neu konstruiertem Seitenventil-Motor war 1929 als Antwort auf die Indian „Scout 101" und Excelsiors „Super-X" auf den Markt geworfen worden. Weil Eile geboten war, um gegenüber Indian nicht ins Hintertreffen zu geraten, verwendete man den Einrohr-Rahmen der Einzylindermodelle und „quetschte" den Motor in den Rahmen. Für die Lichtmaschine war nun allerdings vor dem Motor kein Platz mehr, weshalb man sie neben den vorderen Zylinder auf die linke Motorseite stellte. Das war der Kühlluftzufuhr allerdings nicht eben dienlich. Wegen der wuchtigen Lichtmaschine wird die „D" auch oft als „Dreizylinder" bezeichnet. Die verfrühte Markteinführung zog eine Reihe von kostspieligen Rückruf-Aktionen nach sich. Für das Modelljahr 1930 bekam die „D" einen neuen Rahmen mit mehr Bodenfreiheit bei niedrigerer Sitzposition und technischen Verbesserungen im Motor. Um den Ruf wiederherzustellen, setzte sich Bill Davidson, Sohn von Firmengründer William Davidson, auf eine DLD und siegte beim 20. Jack Pine Endurance Run in Michigan. Kari Kallio's 1930 D ist eins von zweitausend gebauten Motorrädern – und wurde schon in den 30er Jahren nach Finnland importiert. Der Harley-Enthusiast aus Helsinki präsentierte die Maschine 2009 auf der Harley-Davidson Superrally in Seinajöki.

*Rennlenker und Reibungsdämpfer: Minimalismus an der Rennmaschine*

*Geduckt und schlank: Schon im Stand sieht die FHAD richtig schnell aus.*

| | |
|---|---|
| **Motor:** | luftgekühlter 45°-V-Twin mit IOE-Ventilsteuerung und 10:1 Verdichtung! |
| **Hubraum:** | 61 cubic inch |
| **Leistung:** | mehr als 50 PS – abhängig vom Kraftstoff |
| **Verkaufspreis:** | – |
| **Besonderheiten:** | restaurierter Rennmotor mit Seltenheitswert |

## 1930 FHAD Rennmaschine

Die Harley-Davidson Model J Twin Cam IOE von 1928/1929 gelten als die am weitesten entwickelten Motorentypen dieser Art, doch selbst Brennraum-Optimierungen und getrennte Nockenwellen für vorderen und hinteren Zylinder ließen keinen Zweifel daran aufkommen, dass dieses Motorenkonzept ein Auslaufmodell war. Bislang hatten nur Werksteams die Twin-Cam-Modelle genutzt, bei denen auch die Kipphebel für eine schnellere Ventilöffnung verkürzt waren. Jetzt kam diese Technologie auch dem Alltagsfahrer und Hobby-Rennfahrer zu Gute.

Im Motorsport wurden die IOE allerdings noch einige Zeit weiterverwendet: Mit Ricardo-Brennraumen und hochoktanigem Brennstoff ließ sich die Leistung auf mehr als 50 PS treiben. Die FHAC war eine Straßenrennmaschine mit 61 cui, während die FHAD eigentlich ein mit 10:1 brachial verdicheter Hillclimber war. Udo Dobzranski hat diese Maschine in teilmontiertem Zustand gekauft, allerdings funktionsunfähig. Die Geschichte des in Europa überaus seltenen Triebwerks lässt sich zum Schweizer Harley-Racer Cloud Ceresol zurückverfolgen, der die Maschine europaweit einsetzte. Udo restaurierte die Maschine fahrfähig in Stil der Boardtrack-Racer – und ist seitdem bei den Terminen der Steilwandfahrer in Deutschland und Europa unterwegs. Die „Patina" des Lackkleids ist „Fake", aber die Abnutzungserscheinungen an Triebwerk und Kraftübertragung sind echt: Diese Rennmaschine wird auch gefahren und wird hoffentlich noch lang auf den Boardtracks in Europa zu sehen sein.

*Kein Museumsstück: Die FHAD wird noch immer flott bewegt.*

## 1934 CAC Speedway Rennmaschine

Obwohl Speedway in den USA nie die Popularität erreichte wie in Europa, fehlte es in den 30er Jahren nicht an Versuchen, diese Motorsportart als Nachfolger der Boardtrack-Rennen zu etablieren. Das Prinzip war das gleiche, und Drifts und Zweikämpfe versprachen Spannung. Auch die Speedway-Rennmaschinen brauchten keinerlei Bremsen, in die Kurve driftete man mit durchdrehendem Hinterrad.

1934 wurden die ersten Maschinen in der Rennabteilung in Handarbeit gebaut. Joe Petrali – zu diesem Zeitpunkt erfolgreicher Harley-Werksrennfahrer – soll an der Entwicklung und der Montage der Maschinen Anteil genommen haben. Es wäre nicht verwunderlich, wenn er auch an diesem CAC-Racer ein paar Schrauben festgezogen hätte.

Obwohl der Motor nur knapp 500 cm³ misst, muss die Leistung brachial gewesen sein: Gefahren wurde die Maschine mit einem Gemisch aus Rennbenzin und Alkohol, und das extreme Verdichtungsverhältnis von 16,5:1 tat ein übriges, die Leistung nach oben zu pushen. Das Starten dieses Motors wird ein Abenteuer für sich gewesen sein! Mitten in der Depression hatten die Amerikaner aber andere Sorgen als Speedway-Rennen – und der Sport mit Einzylindern setzte sich nicht durch. Erst die V-Twins machten „Dirt Track Racing" zu dem Spektakel, das es bis heute ist.

*Ohne Bremsen: Beim Speedway kam es bloß aufs Tempo an.*

| | |
|---|---|
| **Motor:** | Einzylinder-4-Takt-Motor, OHV-Ventilsteuerung |
| **Hubraum:** | 500 cm³, 30,5 cubic inch |
| **Leistung:** | – |
| **Verkaufspreis:** | Rennmaschine in Einzelanfertigung |
| **Besonderheiten:** | Kompression 16,5:1 |

*Brachiale Leistung:
der 500er im Benzin/Alkohol-Betrieb*

*In Handarbeit entstanden die Renner bei Harley-Davidson in einer abgeschirmten Abteilung.*

Mit dem 1200er-Seitenventiler war die VD bestens motorisiert.

Sparsame Instrumentierung: Den Tacho treibt das Hinterrad per Welle an.

Originalgetreu restauriert im schicken Art-Déco-Trim: Die VD von 1935.

Die Welle für den Tacho kommt vom Hinterrad.

| | |
|---|---|
| **Motor:** | luftgekühlter 45°-V-Twin, seitengesteuert |
| **Hubraum:** | 1215,96 cm³, 74,21 cubic inch |
| **Leistung:** | ca. 30 PS |
| **Verkaufspreis:** | 320 US-$ |
| **Besonderheiten:** | elegante Art-Déco-Lackierung |

## 1935 VD

Mitte der 30er Jahre hatten sich die Harley-Davidson-Motorräder über ganz Europa verbreitet. Mit den Modellen RX, RLX, RSX und RLDX gab es 1934 sogar spezielle Exportmodelle für Deutschland. Die Motorräder erfreuten sich großer Beliebtheit auch in Ländern, in denen die Motorisierung bisher noch nicht so weit fortgeschritten war, etwa in Finnland. Die dortige Harley-Davidson-Szene ist klein, aber sehr engagiert – und alte Motorräder, namentlich solche, die schon vor dem Zweiten Weltkrieg importiert wurden, werden gehegt und gepflegt. Fiskis Ekmans VD von 1935 ist seit der Einführung auf finnischen Straßen gerollt. 1930 war die „V"-Baureihe als Nachfolgerin der betagten IOE-Twins vorgestellt worden. Der komplett neu konstruierte Seitenventil-Motor mit 1200 cm³ war allemal stark genug, um auch Seitenwagen zu ziehen. 1935 waren die Kinderkrankheiten ausgebügelt, und das Modell war in vier Versionen erhältlich. Die VD war das Grundmodell mit einer Getriebeabstufung für den Alltagsgebrauch. Von ihr wurden nur 543 Exemplare gebaut. Weit beliebter waren die Seitenwagenversion VDS (1189 Stück) und vor allem das Sportmodell VLD (3963 Stück).

| | |
|---|---|
| **Motor:** | luftgekühlter 45°-V-Twin, seitengesteuert |
| **Hubraum:** | 742,7 cm³/45,32 cubic inch |
| **Leistung:** | ca. 18,5 PS |
| **Verkaufspreis:** | 295 US-$ |
| **Besonderheiten:** | neugestalteter 45-cubic-inch-Motor mit Verlustölschmierung |

*Nicht restauriert, sondern aufgebaut für eine Cannonball-Fahrt einmal quer durch die USA: Rick Salisbury sammelt alte Motorräder als Hobby.*

*Das Hinterrad kann durch das hochklappbare Schutzblech schnell gewechselt werden.*

## 1935 RL

Die R/RL/RLD-Modelle waren Harley-Davidsons zweiter Versuch, den „kleinen" V-Twin mit 750 $cm^3$ endlich auf solide Räder zu stellen. Gegenüber den von 1929 bis 1931 gebauten D-Modellen waren die Änderungen so umfangreich, dass dies eine neue Modellbezeichnung rechtfertigte. Die Lichtmaschine lag nun vor dem Motor, der Einrohr-Rahmen schlängelte sich um den Generator herum. Das Motorgehäuse war dank größerer Materialstärke steifer, dazu kamen verstärkte Ventilfedern und Alu-Kolben. Etwas über 18 PS waren für 70 Meilen pro Stunde gut, das sind um die 110 km/h. 1932 in der übelsten Depressionszeit vorgestellt, produzierte Harley-Davidson mit einer Auslastung von weniger als 20 Prozent. Verzweifelte Maßnahmen wurden ergriffen, die Konstruktionspläne der RL wurden an Rikuo nach Japan verkauft, und der Motor wurde auch im 1932 neu vorgestellten Servicar verbaut. 1935 war die RL ein ausgereiftes Motorrad, als populärer Harley-Kunde besaß auch Clark Gable eine 1934 RL in leuchtendem Rot. Die neuen Lackierungen und Tankdesigns im Art-Deco-Stil machten die Maschinen populär – und Harley-Davidson hatte die Verkaufspreise bis an die Schmerzgrenze gesenkt. Die Konkurrenz auf vier Rädern war dennoch zu stark geworden: Gebrauchte Ford T waren in der Depression günstig zu haben und schienen ewig zu halten. Diese von Legends Motorcycles in Utah restaurierte RL fuhr 2014 bei einem „Cannonball Race" für antike Motorräder einmal quer durch die USA.

*Im Modelljahr 1935 waren die Kinderkrankheiten des 45er-Motors auskuriert.*

# 1936

## Moderne Zeiten: Die Knucklehead

*Wenige Motorräder haben die Firmengeschichte von Harley-Davidson so geprägt wie das Model E, Spitzname Knucklehead. Namensgebend waren die beiden prägnant geformten Lagerungen der Kipphebel auf der rechten Zylinderkopfseite. Schon während der Entwickung der neuen Modelle stiegen die Verkaufszahlen wieder an – und Harley-Davidson schrieb schwarze Zahlen!*

HARLEY-DAVIDSON

## 1936 VLH mit Seitenwagen

Die 1936er VLH mit Seitenwagen ist wohl das typische Brot-und-Butter-Motorrad der damaligen Zeit – und diese hier sieht dementsprechend abgenutzt aus. Aus der Sammlung von John Parham stammend, ist die Maschine im National Motorcycle Museum in Anamosa beheimatet. Obwohl einige VLH schon 1935 produziert wurden, werden die Maschinen erst 1936 in den Verkaufsbroschüren erwähnt – und standen damit im Schatten der ersten OHV-Modelle, der Knucklehead.

Die Auswirkungen der Depression schlugen noch voll auf den Motorradmarkt durch. Der VLH-Seitenventiler – das H steht für High Compression (hohe Verdichtung) – hatte mehr Leistung, um den schweren Seitenwagen über die immer noch zum größten Teil geschotterten Landstraßen des Westens und Südwestens der USA zu ziehen. Trotz des Hubraums von fast 80 cui und des guten Durchzugs hinkte die Motorleistung der Konkurrenz von Indian hinterher. Der Verkaufspreis tat ein Übriges: Mittlerweile waren junge Gebrauchtwagen billiger als fabrikneue Motorräder.

Von den 1936er VL-Modellen gibt es eine seltene Variante mit Viergang-Getriebe, doch für den Alltagsgebrauch reichten die drei vorhandenen Gänge problemlos aus. Zeitgenössische oder wenig später angebrachte Custom-Teile wie die Würfel an Handschaltung und Schaltern machen das Gespann noch authentischer.

*Die weiten Ebenen von Iowa waren ein typisches Betätigungsfeld der VLH. Noch heute sind viele ländliche Straßen nicht asphaltiert.*

*Die Federung der Seitenwagen mit großen Blattfedern war für den Fahrkomfort bitter nötig: Weder der Starrrahmen noch die Springergabel entsprechen heutigen Vorstellungen von Motorradfahrwerken.*

*Keine Hochglanz-Restaurierung, dafür aber ein voll fahrtaugliches Motorrad in relativ vollständigem Zustand.*

| | |
|---|---|
| **Motor:** | luftgekühlter 45°-V-Twin, seitengesteuert |
| **Hubraum:** | 1292,6 cm³, 78,84 cubic inch |
| **Leistung:** | 34 PS |
| **Verkaufspreis:** | 340 US-$ |
| **Besonderheiten:** | kraftvoller Seitenventiler für Seitenwagen |

*Mit 2046 Einheiten ist die VLH das im Modelljahr 1936 am häufigsten produzierte Modell.*

*Maroon und Nile Green: Coole Farbkombination im Stil der Zeit für die UX von 1936.*

*Schöne Details: Der Prototyp ist perfekt restauriert und fahrbereit.*

## 1936 UX Prototyp 2

Auch wenn das neue Harley-Davidson-Museum viele Prototypen, Vorserienmodelle und Unikate beherbergt, die Motornummer von Dale Walkslers „UX 2" enthüllt die Rarität: Dies ist einer von sechs damals existierenden Motor-Prototypen des neuen 80-cui-Seitenventilers mit geschlossenem Ölsystem und Kugellagern im Motor. Das neue Modell wurde für das Modelljahr 1937 im Stil der im Jahr zuvor präsentierten „Knucklehead" gestaltet und besitzt Getriebe, Kupplung und Rahmen der „E", von der schon bei den Prototypen zahlreiche Ausstattungsdetails übernommen wurden, um die Produktion zu vereinfachen. Die grelle Farbkombination von „Maroon" und „Nile Green" ist für heutige Augen eher gewöhnungsbedürftig, sorgt aber auf jeden Fall für Aufmerksamkeit. Ex-Harley-Händler Walksler hat eine beeindruckende Sammlung von antiken Motorrädern und Automobilen zusammengetragen, die in Maggie Valley/North Carolina zu besichtigen sind. Dem Museumskonzept entsprechend ist auch die „UX" voll fahrfähig und wird von ihm auf Swapmeets und Oldtimer-Veranstaltungen vorgeführt. Als kleine Versicherung besitzt Dale noch zwei weitere UX-Motor-Prototypen.

| | |
|---|---|
| **Motor:** | luftgekühlter 45°-V-Twin, seitengesteuert |
| **Hubraum:** | 1311 cm³, 80 cubic inch |
| **Leistung:** | ca. 35 PS |
| **Verkaufspreis:** | unbezahlbar! |
| **Besonderheiten:** | einer der wenigen Harley-Prototypen in Privatbesitz |

*Der Seitenventiler der UX hat 1300 Kubik und leistet rund 35 PS.*

Schmuckstück: Im Stil der Vorserienmodelle restauriert ist diese 1936er EL.

Glänzende Erscheinung: in feinem Chromglanz strahlen Motordetails …

… sowie Lampenzierring und Hupengehäuse.

## 1936 EL „Knucklehead"

Es war ein Blick weit in die Zukunft hinein, den die Harley-Händler auf der „Dealer Convention" am 25. November 1935 im Schroeder Hotel von Milwaukee taten: Als sich der Vorhang in „Grünen Saal" des Nobelhotels öffnete, konnte freilich noch keiner ahnen, für welch lange Zeit das harmonische Grunddesign der „61" stilbildend bleiben würde. Harley-Davidson hatte die Maschine in mehrjähriger Entwicklungsarbeit vorangetrieben, denn William S. Harley sah nur einen Weg aus der Wirtschaftskrise: neue Modelle. 1933 waren bloß 3703 Motorräder gebaut worden. Erst ein halbes Jahr nach den Händlern erfährt das Publikum von der 61 OHV als „Sensation der Motorradwelt". Allerdings waren Vorserienmodelle schon in Kundenhand unterwegs gewesen. Die sahen so aus wie die beiden Exemplare, die Dale Walksler in der Lackierung von 1936 restauriert hat. In der Formgebung war die „Knucklehead" ein harmonisches und extrem gelungenes Motorrad. Zylinderkopf-Design und Luftfilter sollten auf Jahre populäre Stilmittel bleiben. Wie viele Wheel Through Time Motorräder ist auch die EL von 1936 voll funktionsfähig.

| | |
|---|---|
| **Motor:** | luftgekühlter 45°-V-Twin, OHV |
| **Hubraum:** | 988,1 cm³, 60,29 cubic inch |
| **Leistung:** | ca. 40 PS |
| **Verkaufspreis:** | 380 US-$ |
| **Besonderheiten:** | erstes Baujahr der legendären Knucklehead |

*Zylinderkopf-Design und Luftfilter sollten auf Jahre populäre Stilmittel bleiben.*

*Der Rekord-Streamliner im Harley-Davidson-Museum*

*Mit speziellem Rennbenzin leistete der hochverdichtete Motor 65 PS.*

*Ted Smith, Organisator der „Rats Hole" Custom Show, ließ sich eine Replika des berühmten Rennmotorrads bauen.*

## 1936 EL Rekord-Rennmaschine Joe Petrali Replika

Die Rekord-Knucklehead von Joe Petrali ist eine der Ikonen des Harley-Davidson-Museums. Vor allem aus Werbegründen stieg das Werk ins Rennen um den Motorrad-Geschwindigkeitsweltrekord ein. Die Rekordfahrten fanden meist am Strand bei Daytona Beach statt. Am 13. März 1937 erreichte Rennfahrer Petrali eine Durchschnittsgeschwindigkeit von 136,183 mph (ca. 219 km/h) aus zwei gemessenen Rekordläufen. Fahrwerksprobleme hatte man zunächst auf Fehler in der Konstruktion der stromlinienförmigen Verkleidung zurückgeführt, doch neuere Forschungen weisen auf das zu hohe Gewicht des Heckteils hin. Das ist aus Blech gedengelt und teilweise mit Blei ausgegossen, um Unebenheiten zu beseitigen. Die Springergabel von 1915 baute zwar schmaler als das Serienteil und ist ebenfalls stromlinienförmig verkleidet, wird aber auch nicht unbedingt zur Stabilität der Maschine beigetragen haben. Im Lastenheft für die Konstruktion wurden 65 PS bei 5700/min gefordert sowie ein Kompressionsverhältnis von 12,5:1, was nach speziellem Rennbenzin verlangte. Jeder Zylinder wurde von einem eigenen Linkert-Vergaser beatmet. Da die Maschine kein Getriebe besaß, musste das Motorrad auf Geschwindigkeit geschleppt werden.

| | |
|---|---|
| **Motor:** | luftgekühlter 45°-V-Twin, Knucklehead |
| **Hubraum:** | 988,1 cm³, 60,29 cubic inch |
| **Leistung:** | ca. 65 PS bei 5700/min |
| **Verkaufspreis:** | Unbezahlbar! |
| **Besonderheiten:** | erheblich modifiziertes Rekordfahrzeug, mit Alkohol/Benzingemisch gefahren |

*Die Farbgebung war lange umstritten, da Bilder nur in schwarzweiß existierten. Der Strand von Daytona ist übrigens mittlerweile für alle Fahrzeuge gesperrt.*

Stilikone: So muss ein Bobber, Jahrgang 1937, aussehen.

Bobber-Detail: Zum guten Ton gehörte einst das Weglassen des abklappbaren Schutzblechteils.

| | |
|---|---|
| **Motor:** | luftgekühlter 45°-V-Twin, seitengesteuert |
| **Hubraum:** | 215,96 cm³, 74,21 cubic inch |
| **Leistung:** | ca. 30 PS |
| **Verkaufspreis:** | 395 US-$ |
| **Besonderheiten:** | erstes Baujahr der U-Baureihen |

## 1937 UL

Im Modelljahr 1937 wurden endlich auch die U-Modelle offiziell enthüllt. Das Styling dieser Maschinen, angelehnt an jenes der E/EL „Knucklehead", überzeugte ein breites Publikum. Vereinheitlichung in Aussehen und Teilen erleichterte die Produktion und die Ersatzteilversorgung der Händler.

Die 1937er UL ist definiert als „Sport Solo Model" mit einem 74-cui-Seitenventiler, der nun endlich mit einem geschlossenen Trockensumpf-Ölkreislauf ausgestattet ist – eine wesentliche Verbesserung gegenüber den Vorjahresmodellen, ebenfalls abgeleitet aus der E/EL.

Diese UL aus der Sammlung von John Parham zeigt sich zwar nicht im fabrikneuen Zustand, dafür aber „gebobbt" – und zwar genauso, wie das in den 30er und den 40er Jahren Mode war. Das vordere Schutzblech wurde entfernt und am Heck der zum Radwechsel hochklappbare Schutzblechteil einfach weggelassen. Die aufgeklebten Zierreflektoren und der Würfel als Schalthebel lassen ahnen, dass dies nicht aus Gründen des Sport-Einsatzes geschah. Das zeigt auch der langgezogene Fishtail-Auspuff auf der rechten Fahrzeugseite, und daran kann auch der Aufkleber auf dem Öltank „I go to Springfield Speedway every Sunday Afternoon" nichts ändern. Der Wert dieses Bikes liegt in seinen zeitgenössischen Umbauteilen – und der Tatsache, dass die Maschine so original erhalten geblieben ist.

*Stilechtes Accessoire: Würfel als Schaltknauf*

*Kein Bike für schlechtes Wetter: Breite Reifen verteilen Regen und Schmutz großflächig über Motorrad und Fahrer.*

*Erst in dritter Hand: Das Gespann von 1937 wurde praktisch nur einmal neulackiert.*

*Schöne Details sind die üppigen Tankarmaturen ...*

*... und das Reserverad auf dem Seitenwagen.*

## 1937 ES Knucklehead Gespann

Steve Coes ES von 1937 ist eine außergewöhnliche Maschine, denn Steve ist erst der dritte Besitzer dieser Rarität! Das Zauberwort an diesem Bike heißt „Matching Numbers". Rahmen, Motor und Seitenwagen wurden so schon bei der Produktion in Milwaukee miteinander verheiratet. 1937 bekamen 61-, 74- und 80-cui-Modelle einen neuen Rahmen mit Sektionen, in denen die Materialstärke verdoppelt wurde. Die vorderen Rahmenrohre gehen gerade in ein Gussteil, an dem auch die Seitenwagen-Anschlüsse sind. Der neue Lufteinlass auf der rechten Motorseite entspricht dem der 74er und 80er von1936.

Diese ES wurde 1937 an einen Harley-Dealer in Florida geliefert, der sie zunächst privat nutze. Der nächste Besitzer fuhr das Bike, bis er mit 70 den Kickstarter nicht mehr durchtreten konnte. Steve Coe tauschte es gegen eine 1967er Electra Glide mit E-Starter. Die Restaurierung beschränkte sich auf kosmetische Maßnahmen und eine neue Lackierung. Da der Motor schon einmal auseinander war,

*Original bis in die letzte Schraube: wunderbare Details*

*Eine imposante Erscheinung ist die ES mit Seitenwagen*

| | |
|---|---|
| **Motor:** | luftgekühlter 45°-V-Twin, Knucklehead |
| **Hubraum:** | 988,1 cm³, 60,29 cubic inch |
| **Leistung:** | ca. 40 PS |
| **Verkaufspreis:** | 435 US-$ |
| **Besonderheiten:** | serienmäßig auf Seitenwagenbetrieb ausgelegt |

erneuerte Steve gleich alle Lager. Auch die Kabel sind neu, aber im authentischen Stil mit Stoffummantelungen. Während die Polsterung im Seitenwagen noch gut genug war, hatten mehr als 30.000 Meilen den Fahrersitz abgenutzt. Erstaunlich: Das Ersatzteil von 1937 kann man beim nächsten Harley-Dealer bestellen!

Einen Eingriff konnte sich Steve aber nicht verkneifen: Die Original-Kopfdichtungen bestanden aus dünnem Papier und besiegelten den Ruf der Knuckle als „Öler". Steve dichtete seinen Motor mit Silicon – und hat seitdem Ruhe.

Die E- und EL-Motoren besaßen jeweils eine Kompression von 6:1 und 7:1 – höhere Verdichtung gleich höhere Leistung –, die für den Seitenwagenbetrieb mit einer Art Distanzstück auf 5,5:1 und 6,5:1 herabgesetzt werden konnte. Das verdoppelte natürlich die Austrittsmöglichkeiten für das Öl, weshalb Steve auch darauf verzichtete.

*Eigentlich eine Solomaschine: die WL von 1938*

## 1938 WL mit Seitenwagen

1938 befanden sich die USA noch im Frieden und Harley-Davidson auf dem Weg aus der Depression. Rennlegende Joe Petrali zog sich aus dem Rennsport zurück, um als Flugzeug-Mechaniker für Howard Hughes zu arbeiten, ein Verlust für die Rennszene. Für das Modelljahr 1938 wurden in der „45" Detailverbesserungen an Getriebe und Schaltung eingeführt, vorwiegend aufgrund der Erfahrungen mit den „Big-Twin"-Modellen und der „Knucklehead". Die WL ist als „Sports-Solo-High-Compression"-Modell eigentlich ein Sportmotorrad für das „C-Class"-Racing. Privatfahrer sollten mit diesem hochwertigen Motorrad die Möglichkeit bekommen, an Rennen teilzunehmen; es mussten lediglich Beleuchtung und Schutzbleche abgeschraubt werden. Als Seitenwagen-Zugmaschine ist die WL eher eine Fehlbesetzung, außer man möchte Rekorde brechen wie Michael Klinger aus Indiana. Der brachte 2006 seine mit Seitenwagen ausgerüstete 1938er WL auf den Salzsee nach Bonneville und fuhr bei den BUB Speed Trials mit einem Durchschnitt von 57,802 Meilen pro Stunde (93,02 km/h) aus zwei Läufen einen neuen Klassenrekord.

| | |
|---|---|
| **Motor:** | luftgekühlter 45°-V-Twin, seitengesteuert |
| **Hubraum:** | 741,8 cm³, 45,26 cubic inch |
| **Leistung:** | ca. 24 PS |
| **Verkaufspreis:** | 355 US-$ |
| **Besonderheiten:** | höhere Verdichtung und 4-Gang-Getriebe |

*Rekordfahrt im zarten Alter von 68: Das Gespann lief stolze 93 Sachen.*

| | |
|---|---|
| **Motor:** | luftgekühlter 45°-V-Twin, Knucklehead |
| **Hubraum:** | 988,1 cm³, 60,29 cubic inch |
| **Leistung:** | ca. 40 PS |
| **Verkaufspreis:** | 435 US-$ |
| **Besonderheiten:** | einziges Baujahr mit Leerlauf zwischen 2. und 3. Gang |

*Ein absolutes Schmuckstück: Matt Olsens 1939 EL am Strand des Halifax River in Daytona*

## 1939 EL „Knucklehead"

1939 versuchte Harley-Davidson im vierten Jahr in Folge, der „Knucklehead" die Kinderkrankheiten auszutreiben. Nörgelnde Kunden, die sich als Testfahrer für ein unausgereiftes Produkt missbraucht fühlten, waren nicht nur durch die sprudelnden Ölquellen am Motor verärgert gewesen. Harley-Dealer, ohnehin schon in Trab gehalten von ständigen „Shop-Dope"-Änderungsanweisungen aus dem Werk, sahen sich erneut einer tiefgreifenden Motorerneuerung gegenüber. Die kontinuierliche „Weiterentwicklung beim Kunden" macht es heute fast unmöglich, den Originalzustand einer Knucklehead festzulegen.

Das neue Vierganggetriebe war besser gelagert und damit standfester im Alltagsbetrieb, aber Harley-Davidson machte einen Kompromiss in der Zahnrad-Anordnung, um möglichst viele Kunden, so etwa Behörden, aber auch Sportfahrer zufriedenzustellen. Den Leerlauf zwischen den 2. und 3. Gang zu legen war zwar keine gute Idee, macht aber die Harleys aus diesem Baujahr einzigartig.

*Fehlgriff der Entwicklungsabteilung: Nur in diesem Baujahr liegt der Leerlauf zwischen 2. und 3. Gangstufe.*

*Optimistisch: Die Tachoskala reicht bis 120 Meilen pro Stunde.*

*Viel Chrom und glänzender Lack: 1939 war von den zukünftigen Kriegsbeschränkungen noch nichts zu spüren.*

*Umbausatz: Mit Lieferwagen-Heck hatte auch eine Harley Hinterradfederung.*

## 1940 Gould Car Motorrad-Lastwagen Umbaukit

James „Jimmy" Goulding baute 1910 seine ersten Seitenwagen. Bequem gefedert für die schlechten Straßenverhältnisse im heimatlichen Australien, verkauften sich die rundlichen Boote in immer größeren Stückzahlen – bei einer Amerikatour 1920 freundete er sich mit Harley-Dealer Dudley Perkins an und wanderte bald in die USA aus, wo sein Geschäft weiter expandierte.

Harley-Davidson hatte 1913 ein Dreirad mit vorderer Gepäckbox angeboten, Lastenseitenwagen waren in den zwanziger und dreißiger Jahren ein alltäglicher Anblick, und das Indian-Towcar sowie das Servicar von Harley-Davidson waren beliebte Lastfahrzeuge. Goulding entwickelte nun das Gould Car, einen Bausatz, mit dem sich die V-Twins von Harley-Davidson und Indian in Lastwagen mit 1000 Pfund Zuladung umzubauen ließen – inklusive Wellenantriebs und Differenzials in der Hinterachse. Legt man den Prospekt des Harley-Davidson-Händlers Erik Dunk zugrunde, feierte das Gould Car 1935 Premiere.

*Mit Knucklehead: Von 1940 stammt das Gould Car mit dem hübschen Dach.*

**Help your business with a GOULDCAR for delivery service.**

The GOULDCAR, capacity 1000 pounds. Adaptable to Indian and H-D. Chassis, tires, right angle drive unit, all connections and shaft drive.

Parts and connections for all model sidecars.

Write us GOULDING MFG CO.
P. O. Box 946 Saginaw, Mich.

Spring wheel rubber mounted Sport Rocket

*Anzeige im „Motorcyclist" von 1947*

*Etwa 40 PS leistet der Einliter-V2*

| | |
|---|---|
| **Motor:** | luftgekühlter 45°-V-Twin, „Knucklehead" |
| **Hubraum:** | 988,1 cm³, 60,29 cubic inch |
| **Leistung:** | ca. 40 PS |
| **Verkaufspreis:** | 430 US-$ plus Gould Car Bausatz |
| **Besonderheiten:** | einzigartige Kombination aus Motorrad und Lastwagen-Anbau |

# 1941

## Zweiter Weltkrieg und ziviler Neubeginn

*Die USA traten nach dem Angriff auf die USA im Dezember 1941 in den Zweiten Weltkrieg ein. Schon zuvor war allerdings die Rüstungsproduktion auf Hochtouren gelaufen, und auch Harleys kamen wieder reichlich zum Militär. Die Produktion von Motorrädern für den zivilen Markt kam völlig zum Stillstand. Diese Aufnahme ist übrigens nicht etwa 1944, sondern genau 70 Jahre später entstanden. Sie zeigt das Ende der Erinnerungsparade von 7. Juni 2014 zum Jahrestag der Invasion in der Normandie. Nach dem Krieg ging es bei Harley übrigens zunächst mit den bewährten Modellen weiter.*

*In den Weinbergen bei Rüdesheim: So sahen die Motorräder aus, mit denen die GIs gegen Kriegsende nach Deutschland kamen.*

| | |
|---|---|
| **Motor:** | luftgekühlter 45°-V-Twin, seitengesteuert |
| **Hubraum:** | 741,63 cm³, 45,26 cubic inch |
| **Leistung:** | ca. 23,5 PS |
| **Verkaufspreis:** | 380 US-$ |
| **Besonderheiten:** | Militärausrüstung für Polizei- und Verbindungsaufgaben |

*Am Schauplatz der Invasion: 1944 kamen mit den US-Truppen auch Harley-Militärmaschinen in der Normandie an den Strand.*

## 1942 WLA

Die WLA taucht zum ersten Mal im Modelljahr 1941 in der Produktionsstatistik auf. Harley-Davidson passte sich jedoch bereits ab November 1938 den politischen Gegebenheiten an und begann mit Überlegungen zur Entwicklung von Militärfahrzeugen. Die WLA besaß den 741-cm³-Motor der WL, heruntergesetzt in der Kompression und mit vergrößerten Kühlrippen, da die Maschinen vorwiegend in langsamer Fahrt betrieben werden würden. Zudem wurden die Übersetzungen des handgeschalteten Dreigang-Getriebes auf den Militärgebrauch abgestimmt. Dazu kamen kriegsbedingte Veränderungen, die die Optik maßgeblich beeinflussten: Die Scheinwerfer besaßen spezielle Blenden gegen Fliegersicht und das Rücklicht war zur Sicherheit doppelt ausgelegt. Die Schutzbleche waren besonders breit und gaben den Rädern genug Freiheit, den anfallenden Schlamm zu verarbeiten. Besondere Ansprüche stellte die US Army an die Tiefwatfähigkeit des Motorrads, weshalb eine spezielle Luftfilter-Box versetzt unter dem Sitz angebracht wurde.

*Für den Kriegseinsatz optimiert: Der WLA-V2*

*Jahrestag: Jeweils am 6. Juni treffen sich am „Gold Beach" historische Fahrzeuge.*

*Aufgerüstet: Packtaschen, Gewehrfutteral, Tarnscheinwerfer und Munitions-Boxen unterscheiden die WLA von ihren zivilen Schwestern.*

*Ein Boxer à la BMW: Das Motorenkonzept setzte sich bei Harley-Davidson nicht durch.*

*Retuschiertes Werksfoto einer XA mit Seitenwagen. Die Maschine zeigt starke Gebrauchsspuren, wurde so entweder von der Army oder von Harley-Davidson im Gelände hart rangenommen.*

## 1942 Harley-Davidson XA

Die US Army benötigte für den Krieg ein Motorrad mit Kardanantrieb, um das Problem der Kettenschmierung in sandigen Gebieten zu umgehen. Sie beauftragte im März 1941 Indian und Harley-Davidson damit, Vorschläge einzureichen. Während Indian eine Lösung mit bewährten eigenen Komponenten entwickelte, kopierte man bei Harley-Davidson die BMW R 12. Dieser deutsche Oldtimer wurde wohl versehentlich statt der moderneren BMW R 75 gewählt. Dennoch war die XA mit ihren seitengesteuerten Ventilen, für US-amerikanische Verhältnisse, eine moderne Maschine. Die metrischen Maße wurden in Zoll übertragen und das Viergang-Getriebe war fußgeschaltet. Die Auslieferung der Motorräder begann im Januar 1942 und war bis Juli des Jahres abgeschlossen. Trotz über eintausend gebauter Exemplare – weshalb manchmal auch die irreführende Bezeichnung „XA 1000" zu lesen ist – kam die Maschine nie über das Erprobungsstadium hinaus. 1945 war die Technik der XA schon fast zehn Jahre alt. Nach dem Krieg wurden die verbliebenen XA's für 500 US-$ pro Stück an Privat-Interessenten verkauft.

*1000 Stück wurden von der XA gebaut – daher ist fälschlich auch manchmal von der „XA 1000" die Rede.*

*BMW-Kopie: Das Motor- und Antriebslayout stammte aus Deutschland.*

| | |
|---|---|
| **Motor:** | Zweizylinder-4-Takt Boxermotor, seitengesteuert |
| **Hubraum:** | 738 $cm^3$ |
| **Leistung:** | 23 PS |
| **Verkaufspreis:** | 879,35 US-$ |
| **Besonderheiten:** | Kopie eines BMW-R 12-Boxers |

Eine Rarität aus dem Wheels through Time Museum: Harley-Davidson TA

Mit Rückwärtsgang: das Harley-Dreirad für den Militäreinsatz.

Der 1200er-Knucklehead diente als Antrieb.

| | |
|---|---|
| **Motor:** | luftgekühlter 45°-V-Twin, Knucklehead |
| **Hubraum:** | 1206,39 cm³, 73,63 cubic inch |
| **Leistung:** | ca. 48 PS |
| **Verkaufspreis:** | nicht in Serie gegangen |
| **Besonderheiten:** | US-Army-Versuchsfahrzeug |

## 1943/44 TA „Knucklehead" Experimental-Trike

Die Harley-Davidson WLA sowie die WLC (das C steht für Canadian) wurden von der kanadischen und der US-Armee in riesigen Stückzahlen geordert. Die Knucklehead jedoch fanden die Militärbehörden zu kompliziert und so fiel sie unter die Vorschriften für nicht kriegsnotwendige Produkte. Lediglich für Polizeibehörden wurden Ausnahmegenehmigungen für die Produktion erteilt. Dennoch stellte Harley-Davidson in den Kriegsjahren 1943 und 1944 nur 158 (105 ES und 53 EL) sowie 296 (180 ES und 116 EL) Exemplare her. Der OHV-Motor (overhead valves) eignete sich allerdings für Experimente: Sowohl die US- als auch die kanadische Armee erhielten Fahrzeuge zur Erprobung. Die Erfahrungen mit dem Servicar flossen dabei in die Entwürfe ein. Die TA war sehr geländegängig und wäre wohl als Zugmaschine für kleine Geschütze und Lastanhänger geeignet gewesen. Jedoch waren Jeeps nicht nur billiger in der Fertigung, sondern konnten zudem die volle Bedienungsmannschaft transportieren.

Details lassen den Nachbau erkennen: Rikuo änderte das Design der Ventil-Deckel.

Das Seitenwagen-Gespann wurde fast ausschließlich für militärische Zwecke genutzt.

Geländegängigkeit und robuste Zuverlässigkeit bei minimaler Wartung waren die Anforderungen der japanischen Armee.

| | |
|---|---|
| **Motor:** | 45°-V-Twin, Seitenventiler |
| **Hubraum:** | 1200 cm³, 74 cubic inch |
| **Leistung:** | unbekannt |
| **Verkaufspreis:** | unbekannt |
| **Besonderheiten:** | Nachbau der Harley-Davidson VL |

## 1937 – 1945 Rikuo Type 97 Militärgespann

In der Wirtschaftskrise vergab Harley-Davidson eine Fertigungslizenz nach Japan. Bis zum Ende des Ersten Weltkriegs hatte das Werk eine große Produktionskapazität aufgebaut, die Nachfrage aber ging zurück. Handelsschranken und Einfuhrzölle des Commonwealth – um die britische Motorradindustrie zu schützen – verschlossen den Exportmarkt. Japan wollte ohnehin aus politischen Gründen die Fertigung im eigenen Land haben. Erste Versuche, die V-Twins zu kopieren, hatte es in den 20er Jahren gegeben. Die Rikuo Internal Combustion Company erwarb eine Lizenz und begann 1929 mit der Produktion der Seitenventiler vor allem fürs Militär. Zwischen 1937 und 1942 soll Rikuo 18.000 Exemplare gebaut haben. Als 1945 die UdSSR in den Krieg gegen Japan eintrat, erbeuteten die Truppen viele Militärgespanne des Typs 97. Wo genau zwei Finnen dieses Exemplar aufgestöbert haben, blieb ihr Geheimnis, doch 1999 versuchten sie, das rare Sammlerstück für 100.000 US-$ in Daytona an den Mann zu bringen. Beim „American Iron Classic Meet" war die extrem rare (und fahrfähige!) Maschine einer der Stars.

| | |
|---|---|
| **Motor:** | luftgekühlter 45°-V-Twin, Knucklehead |
| **Hubraum:** | 1206,39 $cm^3$, 73,63 cubic inch |
| **Leistung:** | unwichtig |
| **Verkaufspreis:** | unverkäuflich |
| **Besonderheiten:** | Ratbike mit nicht ganz ernst gemeintem Zubehör |

### 1946 Knucklehead „Smitty's Rat"

Ratbike Smitty ist in Daytona eine Legende, und mit ihm seine 1947er Knucklehead, die ihren Platz auf der Rat's Hole Chopper Custom Show immer mit einem Ölfleck markiert. „Wenn etwas abfällt, kommen zwei neue Teile dazu", lautet Smittys Motto. Der Mann aus Kentucky hat schon zuvor fahrbare Motorräder aus Holz und aus Eisenschrott gebaut. Das Ratbike ist allerdings sein bekanntestes Motorrad, und bisher ist es noch niemandem gelungen, die Maschine auf den Bikeshows zu schlagen. Die Geschichte aus frühen Rat's Hole Show-Tagen scheint übrigens einen gewissen Grad an Wahrheit zu haben: Als sich herumsprach, dass die Juroren bei den Ratbikes auch auf die Größe des Ölflecks unter dem Motor schauten (in jeder anderen Kategorie hätte das Punktabzug gegeben), vergrößerten sich die Öllachen unter den Bikes auf wundersame Weise, bis schließlich „Big Daddy Rat" Karl Smith die Losung ausgab, die Verschmutzung der Ausstellungs-Location zu stoppen. Seitdem ist auch Smittys Ratte auf wundersame Weise öldicht. Doch sie wird mit jeder Show ein Jahr älter – und damit noch schwerer zu schlagen.

Das Ding fährt tatsächlich: Mit seiner „Ratte" hat Karl Smith schon so manchen Preis geholt.

*Leckt nicht mehr: Öllachen unterm historischen Bike sind heute tabu.*

*Gammellook: Je wüster, desto besser*

*Nachkriegsware: Die 1941 vorgestellte F wurde auch 1946 angeboten, endlich wieder mit Chromteilen.*

| | |
|---|---|
| **Motor:** | luftgekühlter 45°-V-Twin, Knucklehead |
| **Hubraum:** | 1206,39 cm³, 73,63 cubic inch |
| **Leistung:** | ca. 48 PS |
| **Verkaufspreis:** | 465 US-$ |
| **Besonderheiten:** | 30°-Lenkkopfwinkel-Rahmen |

*1200er mit 48 PS: Das reicht für kommodes Reisen.*

## 1946 Modell F „Knucklehead"

Für alle Harley-Davidson-Fans ist sie das Traum-Modell: Die Harley-Davidson „Knucklehead". Harley-Davidsons erstes OHV-Serienmotorrad wurde von 1936 bis 1947 gebaut, bevor es von der „Panhead" 1948 abgelöst wurde. Die Modelle „F" und „FL" waren 1941 vorgestellt worden – dem letzten zivilen Produktionsjahr. Motor und Rahmen waren gegenüber der Ur-Knuckle „EL" stark überarbeitet, die Twins der Serie „F" maßen 74 cui, was 1200 cm³ entspricht, und es gab überarbeitete Kurbelwellengehäuse, schwerere Kurbelwellen und zahlreiche andere technische Verbesserungen, die nicht zuletzt die ständigen Öl-Undichtigkeiten der Knucklehead-Ventilsteuerung beheben sollten. Das 1946er Modell setzte die Produktion genau da fort, wo man fünf Jahre zuvor aufgehört hatte: Mit 61 cui kamen die Modelle „E" und „EL", mit 74 cui die Typen „F", „FL" und „FS", wobei die „F" einen Motor mit mittlerer Kompression besaß. Das galt auch für die „FS", die für den Seitenwagenbetrieb auch noch eine angepasste Getriebeübersetzung besaß. Die „FL" war das „Sportmodell" mit hoher Verdichtung und der höchsten Leistung.

Variation zum Thema Bobber: ein stilechter Umbau im traditionellen Look. Die Patina ist in Wahrheit eine aufwändige Lackierung.

Unterm Rost-Look tickert ein restaurierter Knucklehead.

## 1947 FL „Knucklehead" Bobber

Was aussieht wie ein komplettes 1947er Knucklehead-Wrack, das man gerade erst aus dem Zuger See – Heimat von Bixe Harley-Davidson – gezogen hat, ist in Wirklichkeit eine clevere Restaurierung. Der Bobber-Umbau ist im Stil des Jahres 1947 gehalten, als der „Hollister-Zwischenfall" zunächst lokale, dann nationale Aufmerksamkeit erregte. Zeitungsreporter aus San Francisco waren für den Bericht über rabiate Motorradfahrer im Ort Hollister zu spät gekommen und stellten sich einen Biker fürs Foto parat – das Bild ist längst eine Ikone. Der „Bobber Style" wird auch von Harley-Davidson, etwa mit der „48", gepflegt, doch Kenner bauen ihren Bobber aus Flat-, Knuckle-, oder Panhead-Modellen authentisch auf. Die 1947er Knucklehead kommt ohne vorderes Schutzblech aus, das hintere ist gekürzt – so fuhren Rennfahrer einst zu den Rennen in Kalifornien, montierten dort die Lampen ab und drifteten durch die Dirt-Track-Ovale. Was an diesem Motorrad wie Rost und Patina aussieht, ist eine aufwändige Lackierung mit speziellen Farben. Das Motorrad wurde dafür komplett zerlegt. Unter dem Rost-Look tickert ein restaurierter 1947-FL-„Knucklehead"-Motor.

| | |
|---|---|
| **Motor:** | luftgekühlter 45°-V-Twin, Knucklehead |
| **Hubraum:** | 1206,39 cm³, 73,63 cubic inch |
| **Leistung:** | ca. 48 PS |
| **Verkaufspreis:** | 605 US-$ |
| **Besonderheiten:** | letztes Baujahr der Knucklehead, aufwändige Rost-Lackierung. |

*Bullig: der 1947er FL Bobber.*

## 1947 EL „Knucklehead"

Mit dem Modelljahr 1947 waren die Kinderkrankheiten der „Knucklehead" weitestgehend kuriert – nach mehr als zwölf Jahren Entwicklung und der Produktionsunterbrechung durch den Weltkrieg. Harley-Davidson überarbeitete die „Knuckle" für den Jahrgang 1947 vor allem optisch: Es gab ein neues „Ball & Banner"-Logo, geänderte Handschaltung, umgestyltes Tankdash mit neuer Tachoanzeige – und das bei Old-School-Fans noch immer beliebte „Tombstone" Rücklicht. Die im Krieg eingeschränkte Lieferung vieler Rohstoffe war aufgehoben, und es konnte wieder nach Herzenslust verchromt werden. In jenem Modelljahr wurde sodann die Gussform für den Lenkkopf verschlankt – die 1947er Rahmen gibt es also in zwei Versionen.

Im Modelljahr 1947 knackte Harley-Davidson zum ersten Mal wieder die 20.000er-Marke in den Produktionszahlen, davon waren beeindruckende 11.348 Stück Knucklehead-Modelle der Baureihen FL, FS, EL und ES.

| | |
|---|---|
| **Motor:** | luftgekühlter 45°-V-Twin, Knucklehead |
| **Hubraum:** | 988,1 cm³, 60,29 cubic inch |
| **Leistung:** | ca. 40 PS |
| **Verkaufspreis:** | 590 US-$ |
| **Besonderheiten:** | letztes Baujahr der Knucklehead |

*Alex Lüchingers 1947er EL präsentiert sich in exzellent restauriertem Zustand.*

Das letzte Knucklehead-Modell – technisch perfektioniert, aber im Design nicht mehr so klassisch wie die Vorgänger.

Tankdash mit Tacho

Gut zu erkennen: die knöchelförmigen Ventiltrieb-Abdeckungen.

*Legend Motorcycles in Springville/Utah baut auf Kundenwunsch eine nahezu exakte Replika der 1948 Panhead. Moderne Materialien machen die Maschine allerdings wesentlich lestungsfähiger und zuverlässiger.*

*Die moderne „48 Pan" wartet zudem mit viel mehr Chrom auf als das Original.*

## 1948 FL „Panhead"

Die erste „FL" erblickte 1941 das Licht der Öffentlichkeit und war mit dem 74 cui großen „Knucklehead"-Motor ausgestattet. Sowohl dieses Modell als auch die 1000 cm³ großen E/EL-Modelle bekamen 1948 ein neues Motoroberteil spendiert: Aluminium-Zylinderköpfe, die durch Ölnebel gekühlt wurden, neu gestaltete Kipphebel und – ein Novum für den damaligen Motorradbau – hydraulisch einstellbare Stößelstangen, die den Wartungsaufwand verringerten. Die dünnen Blechdeckel bekamen auch gleich ihren Spitznamen: „Pfannenkopf", Panhead. Der modernisierte obere Motorteil saß noch auf dem alten Gehäuse der Knucklehead. Auch wenn der Rahmen neu ist, das Konzept es nicht. Starr und gefedert mit einer Springer-Gabel wird diese Konfiguration nur in diesem Baujahr ausgeliefert, was auch der Grund ist, dass heute kaum noch 1948er „Panheads" im Originalzustand existieren: Umgebaut, gebobbt, gechoppt – seit 1948 war dieses Modell ein gefragtes Umbauobjekt – und originale 1948 sind extrem selten.

*Nicht ganz so glänzend wie der Nachbau, aber ein wunderbares Motorrad: die originale Pan auf einem zeitgenössischen Foto.*

*Obwohl von der 1948er EL 4321 Stück und von der FL 8071 Exemplare gebaut wurden, sind diese Modelle im Originalzustand äußerst rar. Ersatzteile sind verfügbar, so dass daraus ein komplettes Motorrad aufgebaut werden kann.*

| | |
|---|---|
| **Motor:** | luftgekühlter 45°-V-Twin, Panhead |
| **Hubraum:** | 1206,39 cm³, 73,63 cubic inch |
| **Leistung:** | ca. 50 PS |
| **Verkaufspreis:** | 650 US-$ |
| **Besonderheiten:** | neuer Aluminium-Zylinderkopf und hydraulische Stößel sowie neuer Wishbone-Rahmen |

Eine vielseitig einzusetzende Rennmaschine: Die Harley-Davidson WR vom 1948.

Minimal-Ausstattung für reinen Rennbetrieb: Da ist ein Tacho unwichtig.

Archaische Federung: Die Dämpfung erledigten einstellbare Reibungsdämpfer.

*Tempo hat Priorität: Von Bremsen halten die Renner Anno 1948 offenbar immer noch nicht viel.*

| | |
|---|---|
| **Motor:** | luftgekühlter 45°-V-Twin, seitengesteuert |
| **Hubraum:** | 741,8 cm³, 45,26 cubic inch |
| **Leistung:** | ca. 40 PS |
| **Verkaufspreis:** | – |
| **Besonderheiten:** | Seitenventil-Rennmaschine für alle Pisten |

## 1948 WR

Drei Jahre nach dem Zweiten Weltkrieg kam auch der Rennsport wieder „auf die Räder". Das Interesse daran hatte nie nachgelassen, auch wenn praktisch nur noch zwei Hersteller nach Regeln gegeneinander antraten: „Indian gegen Harley" lautete nach wie vor das Motto, und so gab es auch zwei große Fangruppen. Als das Class-C-Reglement in den 1930er Jahren eingeführt wurde, geschah dies, um Amateur-Rennfahrern die Teilnahme mit ihren Straßenmaschinen zu erlauben. 1941 brachte Harley-Davidson dann den ersten reinrassigen Racer auf die Piste: Die WR, die ein Leichtgewicht war, wurde geboren. Nach Kriegseintritt der USA war allerdings erst einmal Schluss mit Racing. Als der Krieg vorüber war, handelte es sich bei den WR-Rennmaschinen natürlich um ein Stück Technik, das bereits ein halbes Jahrzehnt auf dem Buckel hatte.

| | |
|---|---|
| **Motor:** | luftgekühlter 45°-V-Twin, seitengesteuert |
| **Hubraum:** | 1215,96 cm³, 74,21 cubic inch |
| **Leistung:** | ca. 30 PS |
| **Verkaufspreis:** | 590 US-$ |
| **Besonderheiten:** | letztes Baujahr der U, einziges U-Baujahr mit Wishbone-Starrrahmen |

*Der großvolumige Seitenventiler fügt sich harmonisch in das Gesamtbild ein und ist erstaunlich durchzugsstark. Der Zündkontakt unter der verchromten Blechverkleidung ist leicht zugänglich.*

*Schon 1948 praktizierte Harley-Davidson das Baukasten-System. Viele Teile sind identisch mit den Knucklehead Modellen des gleichen Baujahrs.*

## 1948 Model U

Das Model „U" von 1948 ist der Schwanengesang auf die großen Seitenventiler-Modelle, die Ihren Ursprung in den V/VL-Modellen haben – um dann 1936 auf das Design und das Fahrwerk der E/EL Knucklehead angepasst zu werden. Die großen Seitenventiler-Motorräder waren immer eine Stütze des Verkaufs, doch nach dem Krieg als Motorenkonzept ausgereizt. Für das Modelljahr 1948 sitzt das letzte „U"-Triebwerk im gleichen „Wishbone"-Rahmen wie der mit neuen Zylinderköpfen modernisierte „Panhead"-Motor – das einzige Jahr, in dem diese Kombination gebaut wurde. Nur 401 Stück der „U" wurden 1948 produziert – der Markt war nach dem Krieg durch Abverkäufe der überschüssigen Kriegsproduktion mehr als gesättigt.

*Wie oft in „letzten Baujahren" passt bei der U von 1948 alles harmonisch zusammen. Obwohl die Maschine aus Katalog und Werbung verschwand, wurde sie auf Bestellung noch bis 1952 gebaut.*

# 1950

## Auf der Suche nach neuen Kunden

*Das Jahrzehnt hätte für Harley-Davidson nicht schlimmer beginnen können: Der letzte verbliebene der vier Firmengründer – Arthur Davidson – starb zusammen mit seiner Frau nach einem Autounfall. Die Verkaufszahlen gingen massiv zurück und auch die neuen K-Modelle konnten nicht mit der englischen Konkurrenz mithalten. Ausgerechnet im 50. Jahr des Bestehens – gefeiert 1954 – erreichte die Motorradproduktion einen weiteren Tiefpunkt. Das Automobil hatte seinen Siegeszug im Verkehr angetreten. Schlimmer noch: Der „Hot Rod" ersetzte das Zweirad in der Jugendkultur. Niemand ahnte, dass ausgerechnet ein 1953 erschienener Film auf lange Sicht die Wende bringen würde: „The Wild One" (in Deutschland „Der Wilde") mit Marlon Brando.*

DAVIDS

## 1954 KH Sport Twin

Am 18. November 1951 wurde in der Milwaukee City Hall das neue Modell K vorgestellt. Die Maschine besaß einen 742 $cm^3$ großen Motor, der etwa 30 PS Leistung versprach. Zum ersten Mal hatte Harley-Davidson bei einem seiner V-Twins das Getriebe und den Primärantrieb in einem Gehäuse untergebracht. Harley-Davidson ahnte, dass die Zeit der Seitenventiler dem Ende entgegenging, doch man hatte mit dem Motorgehäuse noch einiges vor.

Um 1953 experimentierte man mit einem Zylinderkopfwinkel von 60°, was einen vibrationsärmeren Lauf und mehr Hubraum erlaubt hätte, doch es scheint zu Patent-Problemen mit Vincent gekommen zu sein.1954 erfolgte eine Hubraumvergrößerung auf 55 cui, indem der Hub von 96,8 auf 115,8 mm vergrößert wurde. Dies war eine sehr kostengünstige Methode, um die Leistung zu erhöhen. Zusätzlich wurden größere Ventile verwendet. Die KH war geboren, die mit ihren nun 38 PS die K ablöste.

| | |
|---|---|
| **Motor:** | luftgekühlter 45°-V-Twin, seitengesteuert |
| **Hubraum:** | 883 $cm^3$, 55 cubic inch |
| **Leistung:** | ca. 38 PS |
| **Verkaufspreis:** | ca. 925 US-$ |
| **Besonderheiten:** | Seitenventiler mit reichlich Leistung |

*Ein Schmuckstück mit Chrom satt: die 1954er KH Sport Twin*

Bei der KH bilden Motor und Getriebe eine Einheit.

Mit dem Presse-Foto 19609, später in der Werbung auch als Zeichnung verwendet, begann 1952 die Geschichte der K-Modelle.

| | |
|---|---|
| **Motor:** | luftgekühlter 45°-V-Twin, Panhead |
| **Hubraum:** | 1206,39 cm³, 73,63 cubic inch |
| **Leistung:** | 58-60 PS |
| **Verkaufspreis:** | 1123 US-$ (Basismodel FLH)<br>plus 350 US-$ für den Gould-Car-Bausatz |
| **Besonderheiten:** | einzigartige Kombination aus Motorrad und Lastwagen-Anbau |

*Gould Car mit Panhead: So elegant ließen sich Waren ausliefern.*

*Der Hilfsrahmen für den Lieferaufbau ist an den des Motorrads angeflanscht.*

*Eigenwerbung von Goulding: Der hauseigene Gould Car mit 39er Knucklehead.*

## 1956 Gould Car Motorcycle Truck

Nach dem Zweiten Weltkrieg waren die Preise von gebrauchten Automobilen dramatisch gesunken, weshalb ein „Motorrad-Lastwagen" wie der „Gould Car" wohl eher als auffälliges Werbemittel gekauft wurde, um die Aufmerksamkeit von Kunden zu erregen. Es gibt übrigens keine wirklich zuverlässigen Informationen darüber, wieviele dieser Bausätze überhaupt gefertigt und verkauft wurden.

Als Lieferfahrzeug ist das „Gould Car" von eher zweifelhaftem Wert, liegt doch die Ware dem Wetter ausgesetzt offen auf der Ladefläche. Prinzipiell nimmt der Gould Car aber die später so populären „Pick-Up"-Automobile vorweg. Der Hilfsrahmen für den Lastenaufbau ist an den Panhead-Rahmen angeflanscht und kann auch wieder demontiert werden. Als Seitenwagen-Spezialist nutzte Goulding natürlich die Seitenwagen-Montagepunkte für seinen Bausatz. Das Hauptgewicht von Rahmen, Aufbau und Last wird von der Achse und den großzügig dimensionierten Rädern übernommen.

## 1956 125 Hummer B

Vorgestellt wurde zunächst das Modell S auf einer Händlershow im November 1947. Die Maschine war ein nahezu identischer Nachbau des DKW-Zweitakters, dessen Fertigungsanlagen im sowjetischen Sektor des besiegten Deutschlands geblieben waren und bald demontiert wurden. Die Sieger bedienten sich mit deutschen Patenten und Erfindungen oder nahmen die Erfinder gleich mit.

Im ersten Modelljahr wurden mehr als 10.000 Maschinen mit dem simplen Zweitakter verkauft, der mit 1,7 PS die Leistung eines heutigen Mofas hatte.

1951 bekam das Modell S unter anderem eine Telegabel und einen neuen Tacho sowie zahlreiche weitere Detailverbesserungen, und im März 1955 wurde das Motorrad als „Series B Hummer" völlig neu durchkonstruiert. Da die Produktion nur bis1959 weiterlief, sind fahrfähige und gut erhaltene Exemplare heute eine echte Rarität.

Ein kleines Detail der Hummer hat aber die Jahrzehnte überdauert und ist heute noch ein beliebtes Stilmittel bei Harley-Davidson und zahlreichen Customizern: Der „Peanut"-Tank wird wohl ewig weiterleben.

*DKW mit Peanut-Tank: Die Hummer war eine Harley mit Mofa-Motorleistung.*

*Chopper-Sitzhöhe: Die Hummer taugt auch für kleingewachsene Biker.*

*Simpler Zweitakter: Der 123er setzte drei PS frei.*

| | |
|---|---|
| **Motor:** | Einzylinder-Zweitaktmotor |
| **Hubraum:** | 123 cm$^3$ |
| **Leistung:** | 3 PS |
| **Verkaufspreis:** | ca. 320 US-$ |
| **Besonderheiten:** | einfaches Motorrad nach dem Vorbild der DKW RT 125 |

Der King als beste Werbung: Auch Elvis war sportlich mit der KHK unterwegs.

Ein Bike für Einzelgänger: Solo Seat

Innere Werte: Scharfe Nocken machen die KHK zum Wolf im Schafspelz.

Sportlich: KHK-Aufkleber

## 1956 KHK Sport

1956 war das letzte Jahr der K-Seitenventiler, zumindest wenn es um für den Straßengebrauch gebaute Bikes geht. Die 1952 vorgestellte K war laufend verbessert worden, erreichte aber nie den Leistungsstand der britischen Konkurrenz, deren Produkte zudem weniger Gewicht auf die Waage brachten. Für eine kompaktere und leichte Bauweise hatten die Harley-Entwickler Motor und Getriebe in einem gemeinsamen Gehäuse untergebracht – was bei den Sportster-Motoren bis heute praktiziert wird.
Die KHK war der letzte Schritt zur Sportster-Baureihe und als Übergangslösung gedacht, die das Kapitel der seitengesteuerten V-Twins schloss. Diese Maschinen verfügten über die Ventile und Nockenwellen der Renn-KR, die Köpfe waren poliert, und das Triebwerk wurde werksseitig feinbearbeitet.

*Der letzte Schritt zu den Sportster-Modellen war nur als Übergangslösung gedacht.*

| | |
|---|---|
| **Motor:** | luftgekühlter 45°-V-Twin, seitengesteuert |
| **Hubraum:** | 883 cm³, 55 cubic inch |
| **Leistung:** | ca. 38-40 PS |
| **Verkaufspreis:** | ca. 993 US-$ |
| **Besonderheiten:** | weitestentwickelte Version des Seitenventil-Motors |

*Der 1200er-Panhead leistete in der Duo Glide knapp 60 PS.*

*Highway-Dampfer: Endlich mit einer Hinterradfederung kam 1958 die Duo Glide.*

| | |
|---|---|
| **Motor:** | luftgekühlter 45°-V-Twin, Panhead |
| **Hubraum:** | 1206,39 cm³, 73,63 cubic inch |
| **Leistung:** | ca. 58-60 PS |
| **Verkaufspreis:** | 1320 US-$ |
| **Besonderheiten:** | erster Serien-Big-Twin mit Hinterradfederung |

## 1958 FLH Duo Glide

Erst 1958 – zehn Jahre nach der Einführung der Panhead und Dekaden, nachdem europäische Hersteller den Wert solcher Fahrwerke auch im Alltag längst erkannt hatten – spendierte Harley-Davidson den „Big Twins" endlich eine Hinterradfederung. 1949 war die erste Panhead mit neuem Fahrwerk zur „Hydra-Glide" mutiert: Die Telegabel verbesserte das Fahrverhalten und den Komfort. Die Fahrer saßen aber damals immer noch auf dem im Rahmenrohr abgefederten Sitz – und das Hinterrad wurde lediglich durch das Gewicht der Maschinen auf der Straße gehalten. Der Rahmen von 1958 war komplett neu durchkonstruiert und wurde bis 1964 gebaut. Die dreifach verstellbaren Stoßdämpfer hinten – „Solo, Tandem und Heavy" – machten die Maschine jetzt zur doppelt wirksamen Sänfte: Die Sattelfederung wurde nämlich beibehalten und „swingte" die Fahrer auf zwei Federsystemen mit unterschiedlicher Resonanzfrequenz durch die Rock'n'Roll-Ära.

*Glanzstück: Ohne reichlich Chrom wäre der Gleiter nur halb so spektakulär.*

*Das retuschierte Werbefoto zeigt die „Duo-Glide" in der Grundausstattung. Dazu ließ sich noch jede Menge Chrom montieren.*

| | |
|---|---|
| **Motor:** | luftgekühlter 45°-V-Twin |
| **Hubraum:** | 883 cm³, 53,9 cubic inch |
| **Leistung:** | ca. 40 PS |
| **Verkaufspreis:** | 1200 US-$ |
| **Besonderheiten:** | einfach ein Klassiker |

## 1959 XLH Sportster

Für das Modelljahr 1958 war die Sportster als Nachfolger der KH vorgestellt worden und der Zweiventil-OHV-Motor löste den Seitenventiler ab. Für das Modelljahr 1959 bekam der Motor schärfere Nockenwellen, ein Lampengehäuse aus Metall mit integriertem „Trip-O-Meter"-Tacho und einen Nylon-Kettenspanner. Neu war auch das „Arrow-Flite"-Tankemblem, das noch heute ein beliebtes Custom-Accessoire ist. J.R. Schaefer restaurierte seine 1959 XLH genau nach Werksspezifikation und in Original-Farbtönen. Das Bike stammt aus Texas, doch die Suche nach Originalteilen ging einmal quer durch die USA. Obwohl 947 XLH gebaut wurden (die XLCH brachte es auf 1059 Motorräder) sind originale Ersatzteile schwer zu bekommen. Mit 225 kg wog die Sportster fast genau so viel wie die heutigen Nachfolger, aber sie sieht einfach so verdammt viel besser aus! 40 PS waren für Ende der 60er Jahre kein schlechter Wert – und 170 km/h waren mit der Maschine immer drin.

*J.R. Schaefer restaurierte seine 1959 XLH genau nach Werksspezifikation. Das Bike stammt aus Texas, doch die Suche nach Originalteilen ging einmal quer durch die USA.*

*Das Servicar trägt noch seinen „Tow Bar", mit dem der Automechaniker es ans Kundenauto hängte.*

*Der Kastenaufbau bietet reichlich Stauraum.*

## 1959 G Servicar

Im Rennen um den Rang des längstproduzierten Harley-Davidson-Modells hatte bis vor wenigen Jahren überaschenderweise stets das Servicar die Nase vorn. Erst die Sportster-Baureihe – 2007 stolze 50 Jahre alt geworden – überflügelte die Produktionsdauer des robusten Dreirads. Vorgestellt im Frühjahr 1932 und produziert bis 1973, war das Servicar Harleys Antwort auf das Indian-Modell Despatch Tow, das Harleys größter Rivale kurz zuvor vorgestellt hatte.

Das Servicar bezog den Namen aus seiner Funktion: dem Automobil-Service. Damals holten Mechaniker die Autos beim Kunden ab und brachte sie nach Inspektion oder Reparatur auch wieder dorthin zurück. Damit kein zweiter Mann abgestellt werden musste, besaß das Servicar einen Schlepphaken an der Gabel. Damit wurde das Dreirad an die Autostoßstange gehängt und rollte hinter dem Auto gezogen mit zurück zur Werkstatt.

Eine weitere Funktion zielte auf die Verkehrskontrolle: Dafür hatte man den Gasgriff auf die linke Lenkerseite versetzt und ein speziell untersetztes Getriebe für Langsamfahrt eingebaut. Zur Serienausstattung gehörte auch der Kreidestock, mit dem die Reifen der geparkten Fahrzeuge vom Servicar aus bequem markiert werden konnten.

Das Modell G mit Abschleppvorichtung – GA-Modelle hatten keine – wurde im Jahr 1959 in 288 Exemplaren gebaut, die GA brachte es auf 524 Einheiten.

| | |
|---|---|
| **Motor:** | luftgekühlter 45°-V-Twin, seitengesteuert |
| **Hubraum:** | 741,8 $cm^3$, 45,26 cubic inch |
| **Leistung:** | ca. 24 PS |
| **Verkaufspreis:** | 1500 US-$ |
| **Besonderheiten:** | Servicar mit seltener Abschleppvorrichtung |

# 1960

## Das volle Programm: Motorroller bis Big Twin

*Zu Beginn der 60er Jahre versucht sich Harley-Davidson auf allen Gebieten: Für kleine Hubraumklassen erwirbt man Aermacchi, die neue Sportster startete vielversprechend. Die Electra Glide von 1965 stellt einen weiteren Meilenstein der Firmengeschichte dar. Sie ist die letzte Panhead und das erste Harley-Davidson-Motorrad mit Elektrostarter. Am Ende des Jahrzehnts werden die Geschicke von Harley-Davidson erneut von einem Film – diesmal ist es „Easy Rider" – beeinflusst, doch die Firma hat ihre Selbstständigkeit verloren.*

Electra Glide

## 1960 – 1965 Topper Motorroller

Die Idee des bequemen und wettergeschützten Fahrens auf zwei Rädern ist schon älter als der Motorroller. Harley-Davidsons Antwort auf die weiblich runden Formen der italienischen Vespa lassen sich in drei Worten charakterisieren: quadratisch, praktisch, gut.

Die Bedienung wurde so simpel wie möglich gehalten, damit jedermann mit dem Gefährt zurechtkommen konnte. Gestartet wurde der „Topper" mittels Seilzug – wer mit einem Rasenmäher zurecht kam, konnte auch Topper fahren. Ein beherzter Zug am Seil vor der Sitzbank brachte den 165 cm³ großen Zweitakter zum Laufen. Mit 60,325 mm Bohrung und 57,937 mm Hub sowie einer Verdichtung von 6,6:1 leistete der Motor etwa 9 PS. Eine am Vergaser gedrosselte Version mit nur 5 PS durfte in einigen US-Staaten auch ohne Führerschein gefahren werden.

Besonders trickreich – und simpel dazu – war auch das Automatikgetriebe, mit dem die Kraft vom Motor an das Hinterrad gebracht wurde. Die primäre Kraftübertragung geschah durch zwei Antriebsscheiben zwischen denen ein Riemen die Kraft übertrug. Eine Drehzahländerung des Triebwerks bewirkte über fliehkraftbetätigte Nocken eine Änderung des Durchmessers der federvorgespannten Riemenscheiben, wodurch sich auch die Übersetzung änderte.

*Schick in Zweifarben-Lackierung: der superb restaurierte Topper aus dem Jahr 1963.*

| | |
|---|---|
| **Motor:** | Einzylinder-Zweitaktmotor |
| **Hubraum:** | 165 cm³ |
| **Leistung:** | ca. 9 PS |
| **Verkaufspreis:** | 430-600 US-$ |
| **Besonderheiten:** | Automatikgetriebe und Seilzugstarter |

*Ab 1962 bekam der Lenker eine Verkleidung, in deren Mitte das Zündschloss platziert war. Das Harley-Davidson-Logo wurde in Umrissen eingestanzt.*

## 1965 Aermacchi Sprint H

1959 war das Kerngeschäft, die Big Twins der FL-Serien, so stark geschrumpft, dass die Alarmglocken schrillten. 5767 Panheads wurden produziert und auch die 1958 vorgestellte Sportster brachte es auf knapp über 2000 Einheiten. Die „Lightweights" von Harley verkauften sich nicht wie geplant – und brachten weder die erhofften Stückzahlen noch den Gewinn. Die Lösung: ein europäischer Partner. William H. Davidson reiste also durch Europa. Fündig wurde er in Italien. Aermacchi hatte noch keine Exportschiene in die USA – und einen Ruf als Hersteller exzellenter Flugzeuge.

Harley übernahm zunächst einen 50-Prozent-Anteil an der Motorradfertigung, ab 1967 wurden alle Kleinmotorräder in Italien gefertigt. Einlagepreis: 247.209 US-$. Mit der Übernahme durch AMF wurden die Aermacchi-Motorräder „re-branded" – ab sofort trugen die in den USA angebotenen Maschinen nur noch den Namen „Harley-Davidson". Dieser Schritt brachte die Marke übrigens viermal in die Annalen der Motorrad-Weltmeisterschaften: Walter Villa gewann die 250er-Klasse von 1974 bis 1976 und die 350er Klasse 1976. Der „RR 250 Road Racer" wurde gar als Production Racer angeboten.

Etwas älter ist diese in Salt Lake City beheimatete1965er Sprint H. Von dieser Baureihe wurden 2500 Exemplare gebaut. Das Fotomodell präsentiert sich auf dem Salzsee in Bonneville in fast mustergültigem Originalzustand. Selbst die Packtaschen stammen aus den 60er Jahren, Aufkleber und Embleme sind noch erhalten, und der 250er Motor tickert beim ersten Tritt auf den Kickstarter los.

*Italo-amerikanische Kombi auf dem Salzsee: Komplett original erhalten ist diese Sprint von 1965.*

*Es steht zwar Harley-Davidson drauf, drinnen ist aber alles made in Italy.*

| | |
|---|---|
| **Motor:** | luftgekühlter Einzylinder-Viertaktmotor liegend, OHV |
| **Hubraum:** | 246,2 $cm^3$ |
| **Leistung:** | ca. 23 PS |
| **Verkaufspreis:** | 690 US-$ |
| **Besonderheiten:** | leichtgewichtiger Einzylinder |

*50 Jahre alt und irgendwie immer noch nicht ganz aus der Mode ist das Design der Electra Glide.*

*Der Kickstarter gehörte noch viele Jahre lang zur Grundausstattung der „Männermaschine", auch wenn die Electra Glide als erste Harley mit E-Starter kam.*

| | |
|---|---|
| **Motor:** | luftgekühlter 45°-V-Twin, Panhead |
| **Hubraum:** | 1206,39 $cm^3$, 73,63 cubic inch |
| **Leistung:** | ca. 60 PS |
| **Verkaufspreis:** | 1595 US-$ |
| **Besonderheiten:** | erstes Harley-Motorrad mit 12-V-Anlage und Elektrostarter |

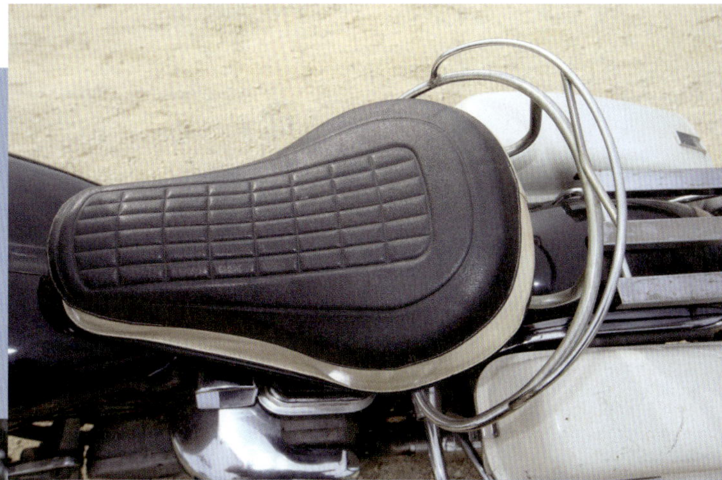

*Straßenkreuzer auf zwei Rädern: Wie bei den großen US-Autos ging es auch auf der Harley in erster Linie darum, möglichst bequem von A nach B zu gelangen.*

## 1965 FL Electra Glide

Dieses Electra-Glide-Modell wurde ausschließlich 1965 gebaut und stellt die letzte Panhead-Generation dar. Der legendäre Name Electra Glide wurde von Harley-Davidson gewählt, weil es das erste Big-Twin-Motorrad war, das mit einem Elektrostarter ausgerüstet war. Mit dem Starter kam die Einführung des 12-Volt-Bordsystems. Doppelte Spannung heißt halbe Stromstärke, was kleinere Leitungsdurchmesser und leichtere Elektronik-Komponenten mit sich brachte. Der Rahmen wurde völlig neu konstruiert, ebenso Öltank, Batteriekasten und „Turnpike"-5-Gallonen Benzintank.

Die Händler-Bestellformulare listen jede Menge Zubehör für das Grundmodell – und der Zubehörmarkt tat ein Übriges, die Maschinen mit weiterem Touring-Zubehör zu beladen. Mit der „Chrome Finish Group" und dem Zubehör-Set „King of the Highway" war die erste Electra Glide ein Straßenkreuzer auf zwei Rädern.

*Vorn ein ganz normales Motorrad: Das Servicar wird erst hinterm Sattel zum breiten Lastenträger.*

| | |
|---|---|
| **Motor:** | luftgekühlter 45°-V-Twin, seitengesteuert |
| **Hubraum:** | 741,8 cm³, 45,26 cubic inch |
| **Leistung:** | ca. 24 PS |
| **Verkaufspreis:** | – |
| **Besonderheiten:** | letztes Servicar mit Metallbox |

## 1966 GE Servicar Police

In den schon damals chronisch überlasteten Innenstädten der USA gehörten die Servicars der örtlichen Traffic-Police bis in die siebziger Jahre zum normalen Straßenbild. Auch die „Meter Maids" – wir kennen sie als Politessen – rollten bequem auf diesen Polizei-Trikes, um ihr Strafzettel-Soll zu erfüllen. Schon 1964 bekam das Servicar als erste Harley-Davidson einen Elektrostarter und ein 12-Volt-System. 1966 war das letzte Baujahr mit einem Body aus Metall. Erst 1973 lief mit 425 gebauten Einheiten die Produktion des Servicar nach 41 Jahren aus. Eine Rarität sind heute – neben den ersten Modellen des Jahres 1932 – auch die letzten Maschinen, die gegen Ende der Produktion noch mit Scheibenbremsen ausgestattet wurden: ein Zeichen dafür, dass die Einstellung der Produktion keineswegs im Voraus geplant gewesen war. Dank des Servicar wurde die „W"-Motorenbaureihe die bei weitem am längsten produzierte der bisherigen Harley-Davidson-Geschichte: 37 Jahre lang rollten die Seitenventiler in Milwaukee vom Band.

*Das Servicar war lange Zeit die am längsten gebaute Modellreihe bei Harley-Davidson.*

*Dank Servicars blieb auch der 45er-Seitenventiler 37 Jahre lang in Produktion.*

*Zubehör: kein Polizeifahrzeug ohne angemessen laute Sirene*

*Da ging es noch ohne Unterhaltungs-elektronik: Cockpit eines gut ausgestatteten Reise-Motorrads Anno 1968.*

| | |
|---|---|
| **Motor:** | luftgekühlter 45°-V-Twin, Shovelhead |
| **Hubraum:** | 1206,39 cm³, 73,63 cubic inch |
| **Leistung:** | ca. 54 PS |
| **Verkaufspreis:** | ca. 1800 US-$ |
| **Besonderheiten:** | Aluminium-Ölpumpe |

*Es darf ein bisschen mehr sein: Rücklicht-Arrangement am „Cadillac auf Rädern".*

*Der Motor bekommt immer mehr Arbeit: Im Laufe der Jahre werden die Electra Glides immer schwerer.*

## 1968 FLH Electra Glide

Die Electra Glide entwickelte sich zu einem „Cadillac auf zwei Rädern", während die Sportster eher sportliche und jugendlichere Fahrer ansprach. Der Shovelhead-Motor steckte auch in seinem dritten Produktionsjahr noch in den Kinderschuhen und bekam eine Modellpflege mit neuem Starter, größerer Batterie und Ölpumpe in einem Aluminium-Gehäuse. Bei den fußgeschalteten Modellen war nun kein „Mousetrap"-Kupplungsverstärker mehr nötig, aber Harley hatte sich nicht von seinen alten Kunden verabschiedet: Noch immer war „Handshift" eine Option im Programm – und nur schwer konnten sich altgediente Fahrer auf die mit dem Fuß bediente Schaltwippe umstellen, mit der sie sonst gekuppelt hatten. Die knapp 54 PS des Shovelhead hatten schon jetzt an dem Motorrad-Dinosaurier schwer zu schleppen – und es sollten in den kommenden Jahren noch ein paar Kilogramm dazu kommen. Noch schwerer taten sich nur die hydraulischen Trommelbremsen aus der Duo-Glide-Zeit, die später durch – nicht immer effektivere – Scheiben abgelöst wurden.

| | |
|---|---|
| **Motor:** | luftgekühlter 45°-V-Twin, OHV |
| **Hubraum:** | 748 $cm^3$, 45 cubic inch |
| **Leistung:** | 70-90 PS |
| **Verkaufspreis:** | – |
| **Besonderheiten:** | speziell für den Renneinsatz konstruierter Motor |

## 1970 XR 750 Dirt Track Racer

Scott Parker, genannt „King of the Mile", ist die unangefochtene Ikone des Dirt Track. Er errang 94 Rennsiege, davon 55 AMA Grand National Championships und neun Meisterschaften. Sein Name wird in einem Atemzug mit denen weiterer legendärer Dirt-Track-Racer wie Joe Petrali und Jay Springsteen genannt. Harley-Davidson dominiert die Sportart seit Jahrzehnten dank der riesigen Erfolge der Rennmaschinen und der Fahrer, und die XR 750 war der Meistermacher schlechthin. Der Motor mit seinen knapp 750 $cm^3$ Hubraum und mit bis zu 90 PS kam überwiegend in den US-Meisterschaften zum Renneinsatz, da sich die Harleys im internationalen Vergleich nicht gegen die leistungsstärkeren japanischen Modelle durchsetzen konnten. Innerhalb der AMA (American Motorcyclist Association) hat die XR 750 jedoch die meisten Siege errungen.

*Immer im Drift: Beim Dirt Track zeigt das Hinterrad selten in die Richtung, in der das Motorrad unterwegs ist.*

*Harley ganz sportlich: Kein Schnickschnack, sondern Sachlichkeit.*

1976 Electra-Glide
Harley-Davidson
1200
ONT
60170
FLH

# 1970

## Ein Touren-Dinosaurier wird zum „Easy Rider“

*Die Siebziger bringen einschneidende Änderungen für Harley-Davidson, aber auch neue Chancen durch AMF. Kurz nach dem Umzug der Motorradfertigung nach York/Pennsylvania wirft die Ölkrise alle Kalkulationen über den Haufen. 1976 feierten die USA ihr 200-jähriges Bestehen – und ein internes Managment-Meeting stellte die Weichen für die Entwicklung der „Evolution"-Motoren und des „NOVA"-Projekts. Es waren jene Jahre, in denen die von Willie G. Davidson designten Modelle die antiquerten Motorrad-Dinosaurier zum „Easy Rider" stilisierten.*

## 1970 M65 Leggero

In der 1960er und 70er Jahren brachte die Zusammenarbeit mit Aermacchi in Varese eine ganze Reihe exotischer Zweitakt-Modelle in das Harley-Davidson Programm, von denen die meisten schnell wieder verschwanden, heute aber gesuchte Raritäten sind. Was heute für das Harley-Davidson-Image fast undenkbar scheint, machte damals einen großen Teil der Modellpalette aus: Zweitaktende Mopeds und Minibikes für einen breiten Markt, nicht nur in den USA, die allerdings zwei entscheidende Nachteile hatten: italienische Qualität und US-amerikanische Preise. Die „Leggero" – das verriet schon der Name – war ein echtes „Leichtgewicht", doch der knapp 65 cm³ große Motor lieferte mit 1,4 PS auch nicht unbedingt den von einer Harley erwarteten Vortrieb. Zweitakter der 70er Jahre waren echte „Kreischsägen", da machten die Mopeds von Harley-Davidson keine Ausnahme.

*Werbung für die „Leggero" – und für die Aufstiegsmöglichkeiten im Harley-Programm.*

*Ein Stück Freiheit auf zwei Rädern gibt es auch schon mit weniger als 70 Kubikzentimetern.*

*Die wenigsten Europäer können sich wahrscheinlich vorstellen, dass auch Amerikaner in den 70ern Moped fuhren, natürlich mit Harley-Schriftzug.*

| | |
|---|---|
| **Motor:** | Einzylinder-Zweitakter, luftgekühlt |
| **Hubraum:** | 63,68 cm³, 3,89 cubic inch |
| **Leistung:** | ca. 1,4 PS |
| **Verkaufspreis:** | 235 US-$ |
| **Besonderheiten:** | gebaut bei Aermacchi in Varese/Italien |

| | |
|---|---|
| **Motor:** | luftgekühlter 45°-V-Twin, Shovelhead |
| **Hubraum:** | 1206,39 cm³, 73,63 cubic inch |
| **Leistung:** | ca. 58 PS |
| **Verkaufspreis:** | 2500 US-$, 14.198 Mark |
| **Besonderheiten:** | Boat-Tail-Heckteil aus GFK |

## 1971 FX Super Glide

Die Wurzeln der FX-Baureihe liegen in den späten 60er Jahren: Als Harley-Davidson 1969 von AMF übernommen wurde, sind die ersten Entwürfe für die neue Baureihe schon gezeichnet. Die erste FX „Super Glide“ von 1971 war noch eine Mischung aus Cruiser und Sportbike, denn das überdimensionierte – in der gleichen GFK-Fertigung wie Snowmobil-Bodys und Golfwagen produzierte – „Boat-Tail“-Heck passte nicht ganz so harmonisch zum Gesamtbild der Maschine. Das üppige Heckteil war 1970 als Option für die Sportster-Modelle eingeführt worden.

Der Rahmen der FLH wurde abgespeckt – daher das „F“ – und mit der Gabel der Sportster – von dort kam das „X“ – kombiniert: Fertig war die neue FX. Auf den Elektrostarter wurde verzichtet, die Auspuffanlage zur Gewichtserleichterung auf ein Rohr beschränkt.

Aus heutiger Sicht kann man die FX als den ersten Serien-Cruiser bezeichnen: Niedrige Sitzposition und hoch gezogene Lenker ließen das „Easy Rider“-Feeling aufkommen, das im Gegensatz zu den High-Tech-Sportlern aus Japan und Europa stand.

*Heute ein Klassiker: der erste Serien-Cruiser aus dem Hause Harley.*

*Gegenprogramm zu den Sportmaschinen aus Japan: Niedrige Sitzposition und hoher Lenker vermitteln „Easy-Rider“-Feeling.*

*Stein des Anstoßes: Am Boat-Tail schieden sich die Geister.*

Kampfansage: 90 PS schüttelte der 750er-V-Twin aus seinen beiden luftgekühlten Zylindern.

Renzo Pasolini war 1972 einer von fünf Werksfahrern.

| | |
|---|---|
| **Motor:** | luftgekühlter 45°-V-Twin, OHV |
| **Hubraum:** | 748 cm³, 45 cubic inch |
| **Leistung:** | ca. 90 PS |
| **Verkaufspreis:** | 3200 US-$ |
| **Besonderheiten:** | speziell für den Renneinsatz konstruierter Motor |

*Elegante Erscheinung: Die Rennmaschine sieht schon im Stand schnell aus.*

## 1972 XRTT/XLR Renzo Pasolini

Eine der Ikonen der amerikanischen Motorsport-Geschichte ist die XRTT Rennmaschine, mit der Cal Rayborn und Renzo Pasolini Anfang der 70er Jahre bei den Daytona 200 und den populären „Transatlantic Match Races“ antraten.

Abgeleitet aus dem XR 750 Dirt Track Racer war die XRTT eine Konstruktion für Straßenrennen – mit einem eigens entwickelten Rahmen, der in vielleicht 40 bis 50 Exemplaren gebaut wurde. 1972 bestand das Harley-Davidson-Rennteam für die US-Rennen aus fünf Fahrern, doch Pasolini musste auch für Aermacchi auf den Grand-Prix-Pisten in Europa antreten. Seine XRTTs waren in dieser Saison teils mit Trommelbremsen, teils schon mit Scheibenbremsen ausgestattet. Harley musste zu Homologationszwecken insgesamt 200 Maschinen bauen, um überhaupt zu den Rennen zugelassen zu werden. Davon wurden jedoch nur 100 verkauft und der Rest verschrottet.

Heckflossen, fein ziseliert: So bekommt der Spitzname „Straßenkreuzer auf zwei Rädern“ Bedeutung.

## 1974 FLH Electra Glide „Full Dresser“

Dieser „Full Dresser“ aus den frühen Jahren der Geschichte der „Daytona Bike Week“ erlebte seine Premiere auf den ersten „Rat's Hole Custombike Shows“ auf dem Boardwalk der Stadt im US-Bundesstaat Florida. Für das Modelljahr 1974 hatte Harley-Davidson nur wenige Modifikationen an den „Big-Twin“-Modellen unternommen: Keihin-Vergaser kamen statt der früheren Bendix-Anlagen zum Einsatz, ein neuer Sattel und ein Alarmsystem sorgten für Komfort und Sicherheit.

Von der FLH wurden 5166 Exemplare produziert, die FLHF brachte es auf 1535 Einheiten, und die FL Police wurde 900 Mal ausgeliefert. Vier Jahre nach der Premiere des Kultfilms „Easy Rider“ mit Dennis Hopper, Peter Fonda und Jack Nicholson waren Chopper und alle Arten von Custombikes fast ein täglicher Anblick geworden – und die früheren „Dresser“ wurden immer extremer. Eine Menge Zusatzscheinwerfer und Rücklichter, exzessive „Bumper“ an den Vorderradschutzblechen und am Heck ein chromblitzender „Hinterhof“ waren Stand der Zeit.

*Muss man mögen: Aus derart viel Kunstschmiedearbeit bauen sich anderen Leute eine Pergola oder eine Balkonbrüstung.*

*Detailfreude: Die Lust am Ornament beginnt schon Zentimeter vor dem Vorderrad.*

*Länge läuft: An Handlichkeit hat die E-Glide so wohl kaum gewonnen.*

| | |
|---|---|
| **Motor:** | luftgekühlter 45°-V-Twin, Shovelhead |
| **Hubraum:** | 1206,39 cm$^3$, 73,63 cubic inch |
| **Leistung:** | ca. 58 PS |
| **Verkaufspreis:** | nicht zu verkaufen |
| **Besonderheiten:** | 345 kg solides „American Iron" zuzüglich der „Full-Dresser"-Anbauten |

### 1973 - 1975 X 90 Shortster

Die ursprüngliche Shortster hatte die Harley-Davidson-Modellbezeichnung MC 65, wurde nur 1971 gebaut und für das Modelljahr 1972 an die Händler ausgeliefert. Der 63,86 $cm^3$ große Zweitakter setzte sich aber nicht durch, weshalb man die in Motor und Abmessung etwas größere X 90 entwickelte.

Was heute nach einem erstaunlichen Projekt aussieht, war damals der Versuch, auf einen fahrenden Modezug aufzuspringen. In den Siebzigern waren Minibikes und kleine Off-Road-Motorräder wesentlich beliebter als heute. Honda hatte mit der Gorilla schon seit mehr als einem Jahrzehnt Erfolg und gerade erst 1969 die Monkey vorgestellt, Suzuki hatte mit der RV 90 und Honda mit dem ATC Dreirad noch viel exotischere Motorräder im Programm.

Trotz der Anlehnung an die Sportster-Modellbezeichnung floppte auch die X 90, wurde aber schon bald zu einem beliebten Fahrzeug in den Rennfahrerlagern der US-Rennstrecken. Heute sind originale und vollständige Shortster Sammlerobjekte und schwer zu finden – von Ersatzteilen gar nicht zu reden.

Beweisstück A:
Der Schriftzug verrät die Marke.

Shortster...
pure fun for the young rider. Or his Dad. Plenty of power to take on the country. With all the speed you'll ever need. And quiet enough to be welcome wherever you go. Harley-Davidson's new Shortster... the mini-cycle that's mighty like a motorcycle.

**specifications**

| | 65cc SHORTSTER |
|---|---|
| Engine type | 2-cycle, single cylinder |
| Bore and stroke, inches | 1.732 x 1.654 |
| Displacement, cubic inches | 3.89 |
| Displacement, cubic centimeters | 63.86 |
| Clutch type | Multi-plate, oil bath |
| Carburetor | Dell 'Orto |
| Primary drive | Helical gears |
| Final drive | Single chain |
| Transmission | 3-speed, constant-mesh |
| Gear ratios, overall 1 | 20:1 |
| 2 | 11.5:1 |
| 3 | 7.6:1 |
| Front fork | Telescopic with helical springs |
| Brake diameter, front and rear, inches | 4.094 |
| Wheels | 10-inch steel disc |
| Tire size, front and rear | 3.00 x 10 Pirelli |
| Wheelbase, inches | 39.2 |
| Saddle height, inches | 26.6 |
| Ground clearance, inches | 5.7 |
| Weight, pounds | 126 |
| Gas capacity, gallons | 1.4 |
| Electrical system | Headlight, tail light, stoplight... magneto powered |

To the best knowledge of Harley-Davidson Motor Co., Inc., the specifications, descriptions and illustrative material contained herein are accurate as of the date this publication was approved for printing. Harley-Davidson Motor Co., Inc. reserves the right to discontinue models or change specifications or designs at any time without notice and without incurring obligation. All materials and accessories illustrated or referred to as optional or available in this publication will be furnished, as available, at extra cost. For more information, see your Harley-Davidson Dealer. AMF I HARLEY-DAVIDSON, Milwaukee, Wis. 53201.

the Harley-Davidson out-performers

CHUBBUCK'S
HARLEY-DAVIDSON
PASADENA
1361 EAST WALNUT SREET
PASADENA, CALIF. 91106
792-1300 684-2779

spittin' image

AMF
Harley-Davidson
1972 Shortster
65cc

Beweisstück B: Der Prospekt ist vom Händler in Pasadena.

*Sieht aus wie eine Japanerin, kommt aus Italien und heißt amerikanisch: Harleys Minibike aus den Siebzigern.*

| | |
|---|---|
| **Motor:** | luftgekühlter Einzylinder-Zweitaktmotor |
| **Hubraum:** | 90,34 cm³ |
| **Leistung:** | ca. 10 PS |
| **Verkaufspreis:** | 325 US-$ |
| **Besonderheiten:** | gebaut von Aermacchi im italienischen Varese |

*Das Schnittmodell zeigt den Entwurf mit obenliegenden Nockenwellen.*

*Vielversprechendes Projekt, jetzt Museumsstück: die V 1100.*

*Moderner Entwurf mit untereinander austauschbaren Zylindern: der V-1100-Motor.*

| | |
|---|---|
| **Motor:** | V 1100 OHC auf Sportster-Basis |
| **Hubraum:** | 1100 cm³ |
| **Leistung:** | nicht veröffentlicht |
| **Verkaufspreis:** | – |
| **Besonderheiten:** | Experimental-Motor |

## 1975 V 1100 Overhead Cam OHC Experimentalbike

An Mut zu modernen Ingenieurslösungen hat es bei Harley-Davidson nie gefehlt – an der Konsequenz, diese auch in die Serie umzusetzen, schon: Eins der besten Beispiele ist das V-1100-Projekt, das auf Versuchen mit obenliegenden Nockenwellen basierte, die bereits mit den Sportster-Modellen Ende der fünfziger Jahre begannen. Das Harley-Davidson-Archiv besitzt mehrere funktionsfähige Motoren, aber auch Schnittmodelle und dieses „Mock-Up“ aus Sportster, Prototyp-Komponenten und Holzteilen. Fortgeschrittene Fertigungsideen beinhalten identische Zylinder vorne und hinten, die untereinander austauschbar sind. Der Luftfilter sitzt – wie später bei Nova und V-Rod – unter einer Tankattrappe, während der echte Benzintank unter dem Sitz platziert ist. Technologie und Design sind für die Zeit weit fortgeschritten und wären durchaus konkurrenzfähig gewesen. Auf der „X-Collection“-Ausstellung im Harley-Davidson-Museum gab es zudem zahlreiche Designstudien zu sehen, die das Potenzial der Maschine aufzeigten. So blieb es aber bis heute beim Stoßstangen-gesteuerten Sportster-Motor.

## 1977 FXS Low Rider

Wenn es die Super Glide von 1971 war, die Harleys Weg in den Bau von Custombikes zeigte, dann muss die FXS „Low Rider" als das erste „Serien-Custombike" bezeichnet werden. Willie G. Davidson und sein Design-Team nahmen sich das Styling der FX noch einmal vor, verringerten die Sitzhöhe, setzten Kontrapunkte zwischen fettem Tank und winzigem Scheinwerfer – und radikalisierten die Sitzposition. 1977 war der „Chopper-Look" in der Motorrad-Szene in aller Munde – und die FXS bot als erste Serienmaschine überhaupt vorverlegte Fußrasten für eine leicht zurückgelehnte Sitzposition, auch wenn man es noch nicht wagte, Brems- und Schalthebel zu verlegen.

Gabel und Bremsanlage teilte sich die FXS mit der XLCR. Die Optik war kompakt und alle Features, die heute eine Harley charakterisieren, sind vorhanden. Niedrige Sitzposition und das gelungene Zusammenspiel der Komponenten machten die „Low Rider" zu einem der populärsten Harley-Modelle überhaupt. Der 1200er Shovelhead wurde 1980 durch den 1340er Motor ersetzt. Originalgetreue FXS aus der Shovelhead-Ära finden sich heute nur noch selten. Neuerdings ist die „Dyna Low Rider" als Produktname wieder im Programm, es handelt sich aber um ein völlig neues Motorrad.

*Ein bahnbrechendes Modell für die Verkaufszahlen. Und das, obwohl die „Low Rider" mitten im laufenden Modelljahr 1977 während der Daytona Bike Week vorgestellt wurde.*

| | |
|---|---|
| **Motor:** | luftgekühlter 45°-V-Twin, Shovelhead |
| **Hubraum:** | 1206,39 cm³, 73,63 cubic Inch |
| **Leistung:** | ca. 65 PS |
| **Verkaufspreis:** | 3475 US-$ |
| **Besonderheiten:** | seinerzeit die niedrigste Sitzhöhe bei einer Serien-Harley |

| | |
|---|---|
| **Motor:** | luftgekühlter 45- V-Twin, Sportster „Ironhead" |
| **Hubraum:** | 996,54 cm³, 60,81 cubic inch |
| **Leistung:** | ca. 70 PS |
| **Verkaufspreis:** | nicht zu verkaufen |
| **Besonderheiten:** | scharfgemachter Café Racer zur Rekordjagd in Bonneville |

*Rekordmaschine: 2012 ging es mit fast 120 Meilen pro Stunde, das sind mehr als 190 Stundenkilometer, über den Bonneville-Salzsee.*

*Die meisten verbliebenen XLCR-Café-Racer werden gehegt und gepflegt – dieser hier wird noch hart rangenommen.*

## 1977 XLCR Café Racer

Heute sind die XLCR „Café Racer" exklusive Sammlerobjekte, die trotz bescheidener Motor- und Fahrwerksleistungen hohe Preise erzielen. Die 3133 produzierten Café Racer – soweit sie die Customizing-Periode der späten 70er und frühen 80er Jahre überlebt haben – sind heute alle in Liebhaberhänden und werden gehegt und gepflegt. Nun, fast alle XLCR: Drew Gatewood ist seit mehr als einem Jahrzehnt der Technik-Inspektor der BUB Speed Trials – und damit schon von Natur aus vom Speed-Fever befallen. Das ist ansteckend und erfasste auch seinen Sohn Clayton. Zusammen bauten sie aus einer abgehalfterten XLCR eine Bonneville-Rennmaschine zusammen, brachen 2012 mit 119.303 mph den Klassenrekord und schrieben sich so in die Rekordbücher ein. 192 km/h zeigen in etwa auch das mögliche Potenzial der XLCR mit guten Kolben, schärferen Nockenwellen und längerer Übersetzung für die Autobahn. Hätte der Verkaufs-Flop damals verhindert werden können? 1976 hätten zwei Motoren-Alternativen für die XLCR zur Verfügung gestanden: eine zivilisierte XR (die Idee floppte 1983/84 als XR 1000) oder der nahezu fertig entwickelte OHC-Motor, mit dem man zumindest an die Leistungsdaten der italienischen Twins herangekommen wäre. Egal: Die XLCR ist auch ohne echte Performance Legende geworden.

*Kein Spielzeug: Drew Gatewood und sein Sohn Clayton haben die 77er Harley als Rekordmaschine präpariert.*

Schick und teuer: Mit kaum 60 PS war der Racer nicht wirklich ein Renner. In Deutschland kostete der Harley-Spaß 11.980 Mark – 2000 mehr als eine Honda CBX.

CAFE RACER

Go ahead and try.
You'll find our Cafe Racer almost too much to handle. Almost…not quite.
But once you've mastered it, you'll have mastered the most powerful production motorcycle ever built by Harley-Davidson.
Take a Sportster engine coupled with a unique Siamese exhaust system that provides an increase in horsepower, then add a smooth, 4-speed constant mesh transmission …to put the V-twin torque to the road…and send you hurtling down the highway.
That's still only the beginning.. The rear-end is sculpted to resemble our famous XR-750 racer. Load-variable rear shocks let you easily handle varying weights and riding conditions.
The clip-on style handlebars complement the footpegs positioned in the traditional cafe racer position… so you can take a racer's crouch yet not end up with an aching back.
Now look at this black beauty closely. It's black all over. And we mean black, like the most evil thunderstorm you ever saw. Black fairing, black pipes…and black everything in between.
One more thing. There are only a limited number of Cafe Racers available. So if you're interested in trying to hold back the thunder, you'd better hurry. Before the storm blows by.
*Until you've been on a Harley-Davidson, you haven't been on a motorcycle.*

THE THUNDER YOU CAN'T HOLD BACK

Vom Donner, der sich laut Werbung kaum beherrschen lasse, war keine Rede. Der Ironhead-1000er war solide, aber kein Rennmotor.

## 1977 XLCR Café Racer

Die XLCR Café Racer ist das vielleicht beste Beispiel der Harley-Geschichte dafür, dass gelungenes Design, begeisterte Presse – vor den Testfahrten – und Verkaufserfolg nicht immer Hand in Hand gehen. Nach dem Erfolg der Super Glide gab man dem Designer und Ur-Enkel des Firmengründers „Carte Blanche" in Sachen Design. Willie G. Davidson gelang ein Design-Klassiker – und der größte Flop der Firmengeschichte. Die XLCR Café Racer basierte auf der 1000-cm³-Sportster „Ironhead", dazu kamen ein Heck à la Dirt-Track-Racer mit einem Hauch Norton-Fastback, ein neuer Tank, eine neue Auspuffanlage und eine kleine Lenkerverkleidung à la BMW R 90 S. Das Ganze wurde hinter verschlossenen Türen zu einem exzellenten Motorrad vermischt, das auf der IFMA 1976 vorgestellt wurde und Begeisterung auslöste. Die ebbte schnell wieder ab, als die ersten Maschinen ausgeliefert wurden: „Schaf im Wolfspelz" war noch eine der harmloseren Bezeichnungen auch in der sonst wohlgesinnten US-Presse. Von den versprochenen 61 PS waren selten alle an Bord. In Deutschland kam noch der utopische Preis von mehr als 11.000 Mark dazu, dafür gab es gleich zwei doppelt so starke Japaner. Die XLCR standen wie Blei in den Läden und wurden bis in die frühen 80er Jahre abverkauft, obwohl die Produktion bereits 1978 eingestellt worden war.

*Heute ein begehrter Klassiker: Eigentlich war die XLCR Café Racer ein exzellentes Motorrad.*

| | |
|---|---|
| **Motor:** | luftgekühlter 45°-V-Twin, Sportster „Ironhead" |
| **Hubraum:** | 996,54 cm³, 60,81 cubic inch |
| **Leistung:** | ca. 61 PS |
| **Verkaufspreis:** | 3595 US-$ |
| **Besonderheiten:** | Café-Racer-Styling von Willie G. Davidson |

## 1979er Shovelhead-Motor im 1939er John-Deere-Traktor

Zwei Klassiker kombiniert in einem Fahrzeug – so könnte man dieses wilde Gefährt umschreiben. George Miller baute einen 1979er Shovelhead-Motor samt Getriebe, Primärantrieb und Harley-Öltank in ein 1939er John-Deere-Traktor-Fahrgestell, das seinerseits in Kennerkreisen als gesuchtes Sammlerstück gilt. Wer die Idee als Spinnerei abtut, kennt die Geschichte von Harley-Davidson nicht: Definiert als „Motor Company" war Harley-Davidson immer auch reiner Motoren-Produzent. Aus dem Ersten Weltkrieg als größte Motorradfabrik der Welt hervorgegangen, trudelte man nach dem Börsencrash in den Jahren 1931/32 mit nur zehn Prozent Auslastung der möglichen Produktionskapazität dem Abgrund entgegen. Industriemotoren sollten die Kapazitätslücke füllen, darunter auch Motoren für landwirtschaftliche Geräte wie beispielsweise ein Einzylinder für einen handgesteuerten Pflug. Der Verbleib des Harley-Traktors ist seit 2013 leider unbekannt.

*Harley mal ganz anders: Der Traktor aus dem Jahr 1939 erhielt ein neues und 40 Jahre jüngeres Herz.*

*Shovelhead-Motor und Getriebe erhielten die passende Lackierung im Deere-Grün sowie ein verchromtes Primärantriebs-Cover mit gelben Wartungsdeckeln.*

*Heißer Kandidat auf gute Platzierungen im nächsten Rasenmäherrennen: der Harley-Deere.*

| | |
|---|---|
| **Motor:** | luftgekühlter 45°-V-Twin, Shovelhead, modifiziert |
| **Hubraum:** | 1338 cm³, 80 cubic inch |
| **Leistung:** | ca. 60 PS |
| **Verkaufspreis:** | unverkäufliches Einzelstück |
| **Besonderheiten:** | Trecker mit Motorrad-Motor |

MOTOR
HARLEY-DAVIDSON
CYCLES

# 1980

## Kult-Motorräder ab Werk

*Die 80er Jahre müssen bei Harley-Davidson wie eine Achterbahnfahrt gewesen sein: Erst die Selbstständigkeit, dann kurz vor der Pleite. Ein neuer Motor, ein sensationelles Fahrwerk – und plötzlich legen sich die Banken quer. Und dann in den 90er Jahren: Rettung, Aufschwung und der V-2 Motor wird plötzlich Kult. Der Erfolg hat Namen: „Evolution" und „Softail".*

*Stilmerkmal: Der Prospekt weist im Titel noch einmal ganz deutlich aufs Flammendekor hin.*

| | |
|---|---|
| **Motor:** | luftgekühlter 45°-V-Twin, Shovelhead |
| **Hubraum:** | 1337 cm³, 81,58 cubic inch |
| **Leistung:** | ca. 67 PS |
| **Verkaufspreis:** | 6900 US-$ |
| **Besonderheiten:** | Flammen auf dem Tank in Serie |

*The real thing: In der Softchopper-Welle war die Wide Glide das Original unter Kopien.*

## 1980 FXWG Wide Glide

Welche Inspiration hinter dem Design der 1980 vorgestellten Wide Glide steht, erkennt jeder, der schon einmal den Kultfilm „Easy Rider" gesehen hat: Es ist das „Billy Bike". Flammen auf dem Tank, hoher und zurückgebogener Lenker auf relativ hohen Risern über einer breiten Gabel mit 21-Zoll-Speichenrad und Sissybar – zehn Jahre nach dem Film produzierte Harley-Davidson jenes Bike in Serie, das dem Mythos am nächsten kam, inklusive der vorverlegen Fußrastenanlage für eine jetzt „echte" Chopper-Sitzposition. Die Softchopper-Welle überrollte den Motorradmarkt gnadenlos, doch die Wide Glide war echt, authentisch, kurz: „The real Thing"!

Dazu kam mit dem Modelljahr 1980 die Einführung des 1340 cm³ großen Shovelhead-Motors – dem seinerzeit größten in einem Serienmotorrad. Bei der 1978 vorgestellten Kawasaki Z 1300 waren die immerhin stattlichen 1286 cm³ auf sechs Zylinder verteilt, Harley-Davidson brauchte nur zwei.

Zu ihrer Zeit war die Wide Glide in Sachen Image jedem japanischen Softchopper haushoch überlegen, leider auch im Verkaufspreis, was ihre Verbreitung in Europa auf wirkliche „Hardcore"-Harley-Fans beschränkte.

### 1984 NOVA V4-Prototypen

Vom NOVA-Projekt gab es nur vage Gerüchte, bis in der Zeitschrift *Supercycle* im Mai 1985 Fotos von Testmaschinen und Motorendetails erschienen. Erst im August 2002, nach mehr als zwei Jahren des „Bohrens" und ein Jahr nach der Vorstellung der V-Rod, brachte das Magazin *American Rider* die V-4-Harley auf dem Titelbild und rollte auf neun Seiten einen Teil der Geschichte auf.

Neben viel Arbeit und Herzblut soll Harley-Davidson binnen zehn Jahren 15 Millionen Dollar in das Projekt gesteckt haben. Eine komplette Linie von V2-, V4- und V6-Motorrädern, die, wäre sie wie geplant 1981 erschienen, technologisch auf der Höhe der Zeit gewesen wäre. Wie nahe die NOVA vor der Produktion stand, ist noch immer nur den Beteiligten bekannt. Die V4-Version sollte für das Modelljahr 1982 vorgestellt werden. Um 1980 umfasste das Projekt 30 Motoren und zwölf funktionsfähige Prototypen, die bereits 100.000 Testmeilen abgespult hatten. Die NOVA ist ein Harley-Kapitel, dem man noch viel Forschung widmen kann.

| | |
|---|---|
| **Motor:** | wassergekühlter V4 (V2- und V6-Versionen geplant) |
| **Hubraum:** | 800, 1200 und 1500 cm³ |
| **Leistung:** | zwischen 72 und 180 PS |
| **Verkaufspreis:** | – |
| **Besonderheiten:** | damals neuartige forcierte Kühlung im Heck |

*V-4-Designskizze einer Softchopper-Variante*

*Dieser recht weit fortgeschrittene NOVA-Prototyp trug die deutschen Farben vermutlich zur Tarnung im Testbetrieb.*

*Das Modell des Motors im Museum besteht aus Balsaholz.*

*Eine Designstudie für ein Touringmodell: Die Verkleidung und die Packtaschen gab es später an der FXRT und den Police-Modellen.*

## 1984 Trihawk

1982 erdacht und entwickelt von Lou Richards, wurde das Design dieses Threewheelers Anfang der 80er Jahre auf die Räder gestellt und in Mokena/Illinois gefertigt. Nach einer Vorserie von nur zehn oder zwölf Fahrzeugen zog die Fertigung nach Dana Point/Kalifornien um und benutze den Firmenamen „Hawk Vehicles". 1984 in den Sturm- und Drangjahren von Harley übernommen, fiel das innovative Fahrzeug den finanziellen Engpässen zum Opfer – nahezu zum gleichen Zeitpunkt wie das NOVA-Projekt.

Zur sportlichen Performance trugen sowohl das niedrige Gewicht und ein extrem niedriger Schwerpunkt als auch der Motor bei: Man implantierte den luftgekühlten Vierzylinder-Boxer aus dem Citroën GSA, der auch im französischen BFG-Motorrad verwendet wurde. 1984 wurde Hawk von Harley-Davidson übernommen, wohl auch weil die Fiberglas-Karosserien in der Tomahawk-Fabrik hätten produziert werden können. Vor der Einstellung der Fertigung im März 1985 wurden weniger als 100 Fahrzeuge produziert, die heute seltene Sammlerstücke sind.

*Kompakt-Sportwagen zur falschen Zeit: Das zweisitzige Cabrio wartete mit beeindruckenden Fahrleistungen.*

*Der Citroën-Motor sitzt kompakt verpackt unter der Fiberglashaube.*

| | |
|---|---|
| **Motor:** | luftgekühlter 4-Zylinder Boxermotor, Citroën |
| **Hubraum:** | 1299 $cm^3$ |
| **Leistung:** | ca. 70 PS bei 5500/min |
| **Verkaufspreis:** | 11.849 US-$ |
| **Besonderheiten:** | Threewheeler-Concept-Car in Kleinserie mit Fiberglas-Karosserie |

## 1984 Sportster-Studie von Hans A. Muth/Target Design

1984 war das Jahr der Vorstellung der Softail-Modelle und der Evolution-Motoren, aber es gab auch eine Presse-Konferenz zur Vorstellung eines ganz besonderen Motorrads, mit dem man die Meinung der potenziellen Harley-Kundschaft abklopfen wollte. Harley-Davidson hatte zu diesem Zeitpunkt gleich mehrere Eisen im Feuer, verhandelte man doch mit dem Berliner Senat über einen Produktionsort im Westen der noch geteilten Stadt – die NOVA hätte in Berlin gebaut werden sollen.

Außerdem war der Evolution-Sportster-Motor komplett fertig entwickelt, konnte aber wegen der knappen Kassenlage nicht produziert werden. Alles in allem keine ganz erfreuliche Situation, und so wollte das Werk gute Stimmung mit einer aufregenden Designstudie machen, die dann aber in US-Magazinen als „Katana Glide" verspottet wurde. Tank und Verkleidungsteil waren aus einem Stück, das Café-Racer-Heckteil konnte zur Passagierbeförderung nach hinten ausgeklappt werden und fungierte dann als „Sissybar". Die Fußrastenanlage verriet die sportlichen Ambitionen und der hintere, nach oben geklappte Auspuff erleichtete den Radwechsel sehr. Der Verbleib der 1000-$cm^3$-Sportster „Ironhead" ist ungeklärt.

*Nicht alles am Design der Muth-Sportster wurde vergessen: Der Sitzbank-Höcker klappt nach hinten für den Beifahrer-Betrieb, wie kurze Zeit später bei Buell.*

| | |
|---|---|
| **Motor:** | luftgekühlter 45°-V-Twin, Sportster Ironhead |
| **Hubraum:** | wahrscheinlich 996,54 $cm^3$, 60,81 cubic inch |
| **Leistung:** | ca. 50 PS |
| **Verkaufspreis:** | einziger Prototyp, keine Fertigung |
| **Besonderheiten:** | Muth-Design mit Front à la Café Racer |

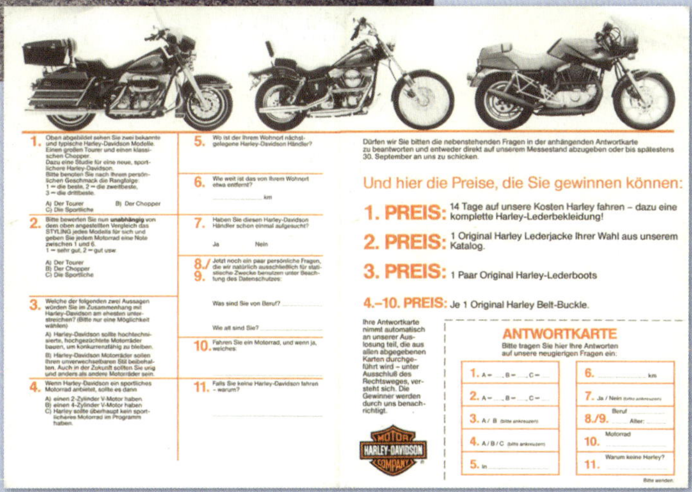

1. Oben abgebildet sehen Sie zwei bekannte und typische Harley-Davidson Modelle. Einen großen Tourer und einen klassischen Chopper. Dazu eine Studie für eine neue, sportlichere Harley-Davidson. Bitte benoten Sie nach Ihrem persönlichen Geschmack die Rangfolge: 1 = die beste, 2 = die zweitbeste, 3 = die drittbeste.
A) Der Tourer B) Der Chopper C) Die Sportliche

2. Bitte bewerten Sie nun **unabhängig** von dem oben angestellten Vergleich das STYLING jedes Modells für sich und geben Sie jedem Motorrad eine Note zwischen 1 und 6. 1 = sehr gut, 2 = gut usw.
A) Der Tourer
B) Der Chopper
C) Die Sportliche

3. Welche der folgenden zwei Aussagen würden Sie im Zusammenhang mit Harley-Davidson am ehesten unterstreichen? (Bitte nur eine Möglichkeit wählen)
A) Harley-Davidson sollte hochtechnisierte, hochgezüchtete Motorräder bauen, um konkurrenzfähig zu bleiben.
B) Harley-Davidson Motorräder sollen ihren unverwechselbaren Stil beibehalten. Auch in der Zukunft sollten Sie urig und anders als andere Motorräder sein.

4. Wenn Harley-Davidson ein sportliches Motorrad anbietet, sollte es dann
A) einen 2-Zylinder V-Motor haben
B) einen 4-Zylinder V-Motor haben
C) Harley sollte überhaupt kein sportlicheres Motorrad im Programm haben.

5. Wo ist der Ihrem Wohnort nächstgelegene Harley-Davidson Händler?

6. Wie weit ist das von Ihrem Wohnort etwa entfernt?
______ km

7. Haben Sie diesen Harley-Davidson Händler schon einmal aufgesucht?
Ja Nein

8./9. Jetzt noch ein paar persönliche Fragen, die wir natürlich ausschließlich für statistische Zwecke benutzen unter Beachtung des Datenschutzes:
Was sind Sie von Beruf? ______
Wie alt sind Sie? ______

10. Fahren Sie ein Motorrad, und wenn ja, welches:

11. Falls Sie keine Harley-Davidson fahren – warum?

Dürfen wir Sie bitten die nebenstehenden Fragen in der anhängenden Antwortkarte zu beantworten und entweder direkt auf unserem Messestand abzugeben oder bis spätestens 30. September an uns zu schicken.

Und hier die Preise, die Sie gewinnen können:

**1. PREIS:** 14 Tage auf unsere Kosten Harley fahren – dazu eine komplette Harley-Lederbekleidung!

**2. PREIS:** 1 Original Harley Lederjacke Ihrer Wahl aus unserem Katalog.

**3. PREIS:** 1 Paar Original Harley-Lederboots

**4.–10. PREIS:** Je 1 Original Harley Belt-Buckle.

Ihre Antwortkarte nimmt automatisch an unserer Auslosung teil, die aus allen abgegebenen Karten durchgeführt wird – unter Ausschluß des Rechtsweges, versteht sich. Die Gewinner werden durch uns benachrichtigt.

MOTOR HARLEY-DAVIDSON COMPANY

**ANTWORTKARTE**

Bitte tragen Sie hier Ihre Antworten auf unsere neugierigen Fragen ein:

| | |
|---|---|
| 1. A= _ B= _ C= _ | 6. ____ km |
| 2. A= _ B= _ C= _ | 7. Ja / Nein (bitte ankreuzen) |
| 3. A / B (bitte ankreuzen) | 8./9. Beruf ____ Alter: ____ |
| 4. A / B / C (bitte ankreuzen) | 10. Motorrad ____ |
| 5. in ____ | 11. Warum keine Harley? ____ |

Bitte wenden.

*Kunden-Umfrage von Harley-Deutschland auf der IFMA 1984.*

Erfolgskonzept Softail: Ein Motorrad mit dem Komfort der Federung und der Optik des klassischen Starrrahmens.

Wenige (heute seltene) Softail wurden noch mit Shovelhead Motor gebaut, die meisten jedoch mit dem neuen Evolution.

So muss das sein: Vorverlegte Fußrasten, ein fetter V2 und ein bequemer Sessel.

## 1984 FXST Softail

Keine Modellreihe hat so entscheidend zum Erfolg der Marke beigetragen wie die Softail. Mag die Grundidee auch nicht von Harley-Davidson stammen: Der Mut, das antiquierte Konzept eines Starrahmens auf ein modernes Motorrad mit Federung zu übertragen und in ein nostalgisches Design zu gießen, war und ist bewundernswert. Man sah in dieser Bauart eine Möglichkeit, dem klassischen luftgekühlten V-Twin neues Leben zu schenken. Als man feststellte, dass sich aus finanzieller Sicht nicht mehrere Projekte verwirklichen ließen, rückten

*Steht gut da: Schmales Vorerrad und ein deutlich dickerer Gummi hinten vervollständigen den Look.*

| | |
|---|---|
| **Motor:** | luftgekühlter 45°-V-Twin, Evolution |
| **Hubraum:** | 1338 cm³, 80 cubic inch |
| **Leistung:** | 53 PS bei 5000/min |
| **Verkaufspreis:** | 8949 US-$ |
| **Besonderheiten:** | gefederter Rahmen in Starrahmen-Optik |

Softail-Rahmen und Evolution-Motor in der Priorität nach vorne und kamen fast gleichzeitig zur Serienreife. Tatsächlich haben einige rare 1984er Softails das Werk noch mit 1340er Shovelhead-Motoren verlassen, denn zur Sicherheit baute man beide Motorenlinien eine Weile nebeneinander. Das Kürzel ST für Softail findet sich sowohl in Kombination mit den FX-Rahmen (seit 1971 selbst zusammengesetzt als Kombination des F aus FL und dem X aus XL) als auch als FLST bei den Modellen mit 16-Zoll Vorderrädern.

Bullig: Die mexikanischen Polizisten konnten sich des starken Auftritts mit dem Schwermetall aus Milwaukee sicher sein.

Besteller in ganz Amerika: Harley hatte stets Stammkunden auch im mittleren und im südlichen Teil des Doppelkontinents.

## 1984 FLHTP Police Mexico

Ende des vergangenen Jahrtausends entdeckte Harley-Oldtimer-Spezialist Peter Wilmering in Mexiko mehrere Motorrad-Friedhöfe der örtlichen Behörden, die dann regelrecht ausgegraben und als wahre Motorrad-Mumien in Containern nach Deutschland verschifft wurden. Teils waren die Maschinen in jämmerlichen Zustand, manche aber auch ziemlich komplett, und so wurden viele Maschinen an Sammler verkauft.

Außer an die US-amerikanischen Polizeibehörden verkaufte Harley-Davidson schon immer auch Motorräder an die in Süd- und in Mittelamerika: Politische Bedenken spielten dabei kaum eine Rolle – vor allem die Diktatoren Südamerikas umgaben sich gerne mit einer prachtvollen Eskorte aus Big Twins. Das auch diese Oldtimer noch zu Motorrad-Stunts genutzt werden können, zeigt die Mexikanische Stunt-Truppe „Halcones", die ihre atemberaubenden Kunststücke auf Polizei-Motorrädern noch älteren Baujahrs ausführt.

*Police special: Selbst auf dem Tacho findet sich die unmissverständliche Botschaft.*

| | |
|---|---|
| **Motor:** | luftgekühlter 45°-V-Twin, Shovelhead, gummigelagert |
| **Hubraum:** | 1338 cm³, 80 cubic inch |
| **Leistung:** | ca. 53 PS |
| **Verkaufspreis:** | unbekannt |
| **Besonderheiten:** | Lackierung und Ausstattung der Seguridad Publica in Mexiko |

*Die mexikanischen Police-Harleys wurden von HD Hannover nach Deutschland gebracht. Diese Maschine ist im Besitz der Harley-Factory Frankfurt.*

| | |
|---|---|
| **Motor:** | luftgekühlter 45°-V-Twin Typ XR 1000 |
| **Hubraum:** | 998 $cm^3$ |
| **Leistung:** | 70 – 90 PS, je nach Tuningstufe |
| **Verkaufspreis:** | 12.999 US-$ |
| **Besonderheiten:** | Grand-Prix-Fahrwerk mit Harley-Herz |

## 1987 Buell RR 1000 „Battletwin"

Die Geburtsstunde der Buell RR 1000 „Battletwin" schlug nach Eric Buells bis dahin größter Niederlage: Mit Einstellung der „Formula-One"-Klasse war der Markt für sein Projekt RW 750 weggebrochen, für dessen Entwicklung er Harley-Davidson verlassen hatte. 1985 entwickelt er mit Unterstützung des Werks den RR 1000 „Battletwin", dessen Fahrwerk aus dreieckigen Gitterstrukturen zusammengesetzt ist. Dabei ist der Motor wie bei der (von Eric Buell mit entwickelten) FXR in Gummielementen gelagert, die eine Schwingung nur in Längsrichtung erlauben. Das Fahrwerk entspricht in der Handlichkeit einem damaligen 500-$cm^3$-Grand-Prix-Renner, für die kompakte Bauart wurde der Stoßdämpfer unter den Motor verlegt.

Craig Vetter entwarf die Vollverkleidung, die den Motor völlig verdeckt. Von 1987 bis 1988 produziert Eric mit nur drei Mitarbeitern 50 Exemplare, die für die Zulassung zur AMA-Superbike-Serie nötig waren. 48 Motoren lagen noch bei Harley-Davidson ungenutzt aus XR-1000-Zeiten auf Lager, zwei Triebwerke kaufte er von Harley-Händlern zu. Dann erhöhte die AMA die Anzahl der Homologations-Exemplare auf 200 Stück, und Buell stand wieder am Anfang, schließlich gab es keine XR-1000-Motoren mehr. Rennsiege fuhr die RR 1000 so nur in Neuseeland, in Japan und in Europa ein, in den USA war die Maschine zum Sammlerobjekt degradiert, legte aber den Grundstein zu Eric Buells kommendem Geschäftserfolg.

*Leider nicht so erfolgreich wie geplant: die Buell „Battletwin".*

## 1987 FLST und 1988 FLSTC Heritage Softail

Die Bedeutung der 1987 vorgestellten Heritage Softail für die Entwicklung des Harley-Davidson-Mythos ist gar nicht groß genug einzuschätzen: Mit der Kombination der FL-Modellreihe – gekennzeichnet durch die wuchtigen und oft verkleideten Vorderradgabeln mit fetten 16-Zoll-Rädern – mit dem vom Chopper-Look abgeleiteten Softail-Rahmen entstand eine ganze Modellfamilie, deren Entwicklung sich bis in die heutige Modellpalette fortsetzt.

Das wuchtige Erscheinungsbild mit soliden Trittbrettern sowie das handliche Fahrverhalten mit dem durchzugsstarke V-Twin, der Fahrer in bequemer Sitzposition – diese Faktoren machten die Heritage Softail zu einer beliebten Langstreckenmaschine. 1988 folgten das „C" fürs „Classic"-Upgrade mit nietenbesetzten Lederpacktaschen und ebensolchem Sitz und sogar eine Sissybar für den Sozius. Zu den zahlreichen Abzweigungen der FLST-Modellreihe zählen solche Verkaufsschlager wie die Fat Boy (1990) und die Heritage Springer (1997), aber auch Exoten wie die 1993 gebaute Nostalgia, die dank ihres mit Kuhleder bespannten Sitzes den Spitznamen „Cow Glide" bekam.

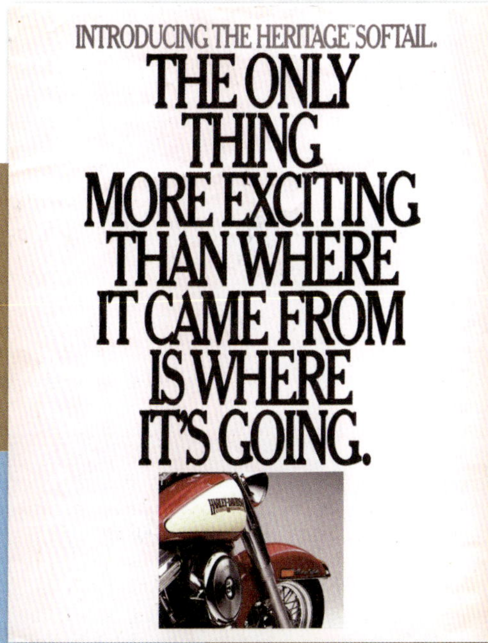


*Klare Ansage: Noch aufregender als die Vorgeschichte der Heritage Softail sei nur die Zukunft, sagt die Werbung.*

| | |
|---|---|
| **Motor:** | luftgekühlter 45°-V-Twin, Evolution |
| **Hubraum:** | 1338 cm³, 81,58 cubic inch |
| **Leistung:** | ca. 65 PS |
| **Verkaufspreis:** | 9329 US-$ |
| **Besonderheiten:** | schiere Nostalgie auf breiten Reifen |

*Heritage heißt Erbe, und schön altmodisch kommt die Heritage Softail daher.*

*Aus dem Vollen gefräst wirkt die Fat Boy aus jeder Perspektive und in jedem Detail.*

*Kaum zu glauben: Die Fat Boy hat ein Vierteljahrhundert auf dem Buckel und sieht immer noch frisch aus.*

## 1990 FLSTF Fat Boy

Die Fat Boy ist Harley-Davidsons Macho-Bike schlechthin – wie mit kaum einer anderen Maschine ist mit ihr der Erfolg der Marke in den 1990er Jahren verbunden. Und wie so viele Erfolgsmodelle entstand die Fat Boy auf dem Skizzenblock von Design-Chef Willie G. Davidson, der für dieses Modell aus der Designgeschichte von Harley-Davidson schöpfen konnte.

Die massive Gabel mit den verkleideten Standrohren erinnert an die der Hydra Glide von 1949, als bei Harley-Davidson die Telegabel eingeführt wurde. Ein riesiger Scheinwerfer sitzt auf der Blechverkleidung und ist ebenso ein Kennzeichen der Fat Boy wie die massiven 16-Zoll-Scheibenräder. Abgeleitet wurde die Fat Boy aus den Modellen Softail Custom und Heritage Softail Classic. Der massive Auftritt unterstreicht die Verarbeitung. An diesem Bike ist alles „Heavy Metal". Schutzbleche, Tank und Öltank sind aus dicken Blechen gepresst – und auch die Accessoires scheinen schier aus dem Vollen geschnitzt.

*Stimmig: Mit dem Konzept der Fat Boy lag Harley-Davidson goldrichtig.*

*Markenzeichen der Fat Boy sind das Scheibenrad und die fette Gabelverkleidung.*

| | |
|---|---|
| **Motor:** | luftgekühlter 45°-V-Twin, Evolution |
| **Hubraum:** | 1338 cm³, 80 cubic inch |
| **Leistung:** | 53 PS |
| **Verkaufspreis:** | 10.995 US-$ |
| **Besonderheiten:** | Retro-Style mit Scheibenrädern und Trittbrettern |

## 1991 FXDB Dyna Glide Sturgis

Obwohl die Rally in den Black Hills von South Dakota eigentlich von einem Indian-Händler begründet wurde, wurde der Event nach dem Niedergang des Konkurrenten spätestens in den 1980er Jahren ein Harley-Davidson-Event. Das Sturgis-Sondermodell zum 50. Geburtstag der Rally wurde ausschließlich 1991 gebaut und blieb auf 1600 Exemplare weltweit limitiert.

Schon 1982 – zum 40. Geburtstag der Rally – hatte Harley-Davidson ein Sondermodell herausgebracht, damals mit wegweisenden technischen Änderungen wie Riemenantrieb als Primär- und Hinterradantrieb. Die FXDB führte den neuen Dyna-Rahmen ein, der erstmals mit Computereinsatz entwickelt worden war und in dem nur noch zwei gummigelagerte Montagepunkte Motor und Getriebe mit dem Rohrwerk verbanden. Der 80-cui-V-Twin war leicht geneigt montiert und ein Stück nach vorne verlegt. Der Öltank wanderte unter das Getriebe. Das Styling erinnerte an die dezente Farbgebung der ersten Sturgis: Schwarz mit orangefarbenen Akzenten. Die mit nummerierten Plaketten versehenen Sondermodelle waren in Windeseile ausverkauft.

| | |
|---|---|
| **Motor:** | luftgekühlter 45°-V-Twin, Evolution, gummigelagert |
| **Hubraum:** | 1338 cm³, 81,65 cubic inch |
| **Leistung:** | 55 PS bei 5000/min |
| **Verkaufspreis:** | 11.520 US-$ |
| **Besonderheiten:** | neue Gummilagerung und Öltank zwischen Motor und Getriebe |

*In Windeseile ausverkauft waren die 1991er Sturgis-Sondermodelle der Dyna Glide.*

## 1994 VR 1000 Rennmaschine/Straßenversion

Einen ganz besonderen Sound bekamen die Fans 1994 zur Daytona Bike Week zu hören: Mit der VR 1000 kehrte Harley-Davidson mit großem Tamtam in die Straßenrenn-Szene zurück und zeigte das neue Superbike bei den Daytona 200 zum ersten Mal im harten Renneinsatz.

Die VR 1000 war ein Motorrad, wie man es von Harley-Davidson noch nie gesehen hatte: Kein Teil an diesem Renner war je an einer anderen Maschine verwendet worden. Arena des Engagements war die AMA-Rennserie in den USA – in die Superbike-Weltmeisterschaft, zu jener Zeit von Ducati dominiert, wagte man sich erst gar nicht. Betriebsintern hinkte die Entwicklung des Motorrads trotz engagierter Mitarbeiter wie Steve Scheibe – und Fahrern, die das Letzte gaben – der allgemeinen stets hinterher. Um die AMA-Homologation zu bekommen, musste Harley-Davidson mindestens 50 Maschinen bauen – und sie für den Straßenverkehr zulassen.

Die 50 „Serienbikes", zunächst für 49.000, später für 34.000 Dollar angeboten, verkauften sich aber nicht so schnell wie erhofft.

Kein Museumsstück: Diese VR 1000 ist zugelassen. Für deutsche Straßen!

*Alles andere als Baukasten: Völlig neu entwickelt war die VR 1000.*

| | |
|---|---|
| **Motor:** | wassergekühlter 60°-DOHC-V-Twin |
| **Hubraum:** | 996 cm³ |
| **Leistung:** | 135/116 PS |
| **Verkaufspreis:** | 49.000 US-$ |
| **Besonderheiten:** | Rennmaschinen-Bausatz für Rennstrecke und Straße |

*Langstreckenläufer: Die Road Glide verführt und taugt zum Reisen.*

| | |
|---|---|
| **Motor:** | luftgekühlter 45°-V-Twin, Evolution |
| **Hubraum:** | 1338 $cm^3$ |
| **Leistung:** | ca. 67 PS |
| **Verkaufspreis:** | – |
| **Besonderheiten:** | rahmenfeste Verkleidung und in Gummiblöcken gelagerter Motor |

## 1998 FLTRI Road Glide

1998 startete Harley-Davidson einen neuen Versuch, die rahmenfest montierte Verkleidung der 1980 vorgestellten FLT Tour Glide neu zu etablieren. Der Begriff „Bagger" war in der Customizing-Szene schon damals fest etabliert, Umbauten aber eher selten. Stilistisch durchaus gelungen, wurde die Road Glide mit dem Evolution-Motor nur in diesem Jahr gebaut: Schon für das Modelljahr 1999 erhielten alle Tourenmodelle den Twin-Cam-Motor – und damit auch komplett neue Fahrwerke. Verkleidung und Ausstattung blieben unverändert.

Wie bei allen Touren-Modellen sind Motor und Getriebe in Gummi-Elementen aufgehängt, um den Fahrkomfort zu erhöhen. Und die Road-Glide-Fahrer sind echte Kilometerfresser – der fünf Gallonen (etwa 19 Liter) fassende Tank macht's möglich. Die fest mit dem Rahmen verschraubte Verkleidung bietet auf Langstrecke einen besseren Wind- und Wetterschutz als jene der Electra Glide und ist mit zwei Scheinwerfern ausgestattet.

Der Evolution-Motor war wahlweise als Vergaser- und Einspritzversion erhältlich, letztere gekennzeichnet durch das „I" hinter dem FLTR. Die Vollausstattung mit Stereo-Anlage und Instrumenten machten die Street Glide zu einer der teuersten Harleys – doch bis heute finden sich immer wieder Kunden für diese Maschinen, die locker für 100.000 Meilen gut sind, also für 160.000 Kilometer.

## 1998 FXSTB Night Train

Die 1998 vorgestellte Night Train nimmt im Harley-Davidson-Programm ebenfalls einen Sonderplatz ein: Es war eine der letzten Motorradneuheiten mit einem Evolution-Motor und damit der Abschluss einer Ära. Für das Modelljahr 2000 wurden auch die Softail-Modelle auf den neuen Motor Twin Cam B umgestellt, dessen Ausgleichswellen dem Fahrer vibrationsärmeren Betrieb ermöglichten.

Nach der Bad Boy von 1995 war die Night Train ein noch sinisteres Bike: Es gab fast keinen Chrom, und der schwarze Lack glänzte nur an Tank und Schutzblechen. Alle anderen Teile waren mattlackiert. Das hintere Scheibenrad der Fat Boy und ein 21 Zoll großes Speichenrad vorne trafen den Geschmack der Zeit.

Die Minimal-Ausstattung der Night Train erlaubte es Harley-Davidson-Händlern weltweit, die FXSTB zum Kampfpreis anzubieten – für mehr als zehn Jahre blieb die Night Train die ideale und begehrte Basis für Custom-Umbauten in allen Stilrichtungen. Viele Bikes wurden mit massiven Schwingen-Umbauten auf Breitreifen modifiziert.

*Mit der Night Train endete die Ära der Harleys mit dem Evolution-Motor.*

| | |
|---|---|
| **Motor:** | luftgekühlter 45°-V-Twin, Evolution |
| **Hubraum:** | 1338 $cm^3$ |
| **Leistung:** | 56 PS |
| **Verkaufspreis:** | – |
| **Besonderheiten:** | Softail in Minimal-Ausstattung<br>Black is beautiful |

Gut angezogen: Fransenleder und dicke Schnallen geben der FLSTS das rustikale Flair.

Weißwandreifen und Fishtail-Auspuff machen das Heritage-Paket komplett.

*Kennzeichen Springergabel: Kaum zu glauben, dass ein derart altmodisches Fahrwerkdetail tatsächlich noch einmal erfolgreich sein sollte.*

*Die Heritage Softail Springer ist eines der Harley-Modelle, für die sich ein eigener Klub gegründet hat: Die „Heritage Springer Owners Association" HSOA. Diese Maschine trägt die Lackierung zum 95. Geburtstag der Firma.*

| | |
|---|---|
| **Motor:** | luftgekühlter 45°-V-Twin, Evolution |
| **Hubraum:** | 1340 $cm^3$, 80 cubic inch |
| **Leistung:** | 56 PS |
| **Verkaufspreis:** | 36.250 Mark |
| **Besonderheiten:** | Retro-Look mit eigenem Fanclub |

### 1998 FLSTS Heritage Softail Springer

Die FLSTS Heritage Springer wurde 1997 als Ersatz für die FLSTN Heritage Softail vorgestellt. Während die FXSTS Softail Springer ein 21 Zoll großes Vorderrad besaß, spendierte man der FLSTS ein wendigeres 16-Zoll-Rad. Verzierte Fransen-Satteltaschen, Weißwandreifen, Fishtail-Auspuff und Lampen gaben der Maschine das Erscheinungsbild der ersten FL Panhead von 1948 – mit vollem Tourenpaket.

Die 1997-1999er Modelle besaßen den letzten 1340 $cm^3$ (80 cui) großen Evolution-Motor mit 5-Gang-Getriebe, der ausschließlich per Vergaser beatmet wurde. Im Modelljahr 2000 führte Harley-Davidson auch bei den Softail-Modellen einen neuen Twin-Cam-Motor ein – in diesem Fall fest im neuen Softail-Rahmen montiert und mit einer Ausgleichswelle, um die Vibrationen zu eliminieren. Obwohl die Verkäufe auch im hundertsten Jubiläumsjahr noch gut liefen, traf man bei Harley-Davidson die Entscheidung, das Modell auslaufen zu lassen.

# 1999

## Harleymania: Twin Cam und V-Rod

*Mit Vollgas in ein neues Jahrtausend! Goldgräberstimmung herrschte zur Jahrtausendwende bei Harley-Davidson, denn neben dem neuen Twin Cam näherte sich die streng geheim in Zusammenarbeit mit Porsche entwickelte „V-Rod" der Serienreife. Ende der 90er war der V-Twin so populär, dass in aller Welt „Klon"-Hersteller aus dem Boden schossen, um die Nachfrage zu stillen. Die Neuheiten folgten Schlag auf Schlag und mehrere Stunt-Cowboys weltweit (im Bild Rainer Schwarz auf V-Rod) brachten die Zweifler an der Leistungsfähigkeit der neuen Modelle zum Verstummen.*

HARLEY-DAVIDSON
DUNLOP

Mit dem einfachen Lenker in der Hand sitzt der Tiltster-Fahrer zwischen Vorderrad und Motor knapp über dem Boden.

Dragster-Design: die Tiltster von 1999

| | |
|---|---|
| **Motor:** | luftgekühlter 45°-V-Twin, Evolution |
| **Hubraum:** | 1338 cm³, 80 cubic inch |
| **Leistung:** | ca. 60 PS |
| **Verkaufspreis:** | – |
| **Besonderheiten:** | Einzelstück mit Neige-Kabine |

Neigetechnik: In die Kurve legt sich die Fahrerwanne mit hinein.

*Ein Herz aus Harley: Der V-Twin bollert gleich hinterm Fahrersitz.*

## 1999 Tiltster Konzept-Trike

In einer Zeit, in der Harley-Davidson hinter verschlossenen Türen an Trike- und Threewheeler-Konzepten arbeitete, erschienen auf den Bikeshows weltweit mit Harley-Triebwerken motorisierte Unikate, die Preise gewannen oder das Aufsehen der Harley-Offiziellen erregten. So manche Idee wurde dann von den Ingenieuren und Marketing-Mitarbeitern nach Milwaukee mitgenommen. Das 1999 auf der „Rat's Hole Show" vorgestellte Tiltster-Trike war so ein Radikalkonzept mit neuen Ideen: Angetrieben von einem 80-cui-Evolution-Motor besaß dieses extrem stromlinienförmig gestaltete Trike eine Fahrerkabine, die sich in die Kurve legte.

Der hinten platzierte Motor und die Hinterräder blieben so stets in vollem Kontakt mit der Straße. Die Optik entsprach der eines Top-Fuel-Dragster der NHRA-Rennserien und der Fahrer saß bei diesem Trike wie ein Dragsterpilot knapp über dem Boden. Das radikale Konzeptfahrzeug – seinerzeit fahrfähig und straßenzugelassen – war kein Erfolg und steht heute in einem Museum für Snowmobile in Newton/ New Jersey.

Gedacht für sportliche junge Leute: Dreirad-Konzept mit Harley-Motor

Hot-Rod-Designer John Buttera zeichnete fürs Design verantwortlich.

| | |
|---|---|
| **Motor:** | luftgekühlter 45°-V-Twin, Evolution |
| **Hubraum:** | 1340 cm³, 80 cubic inch |
| **Leistung:** | unbekannt |
| **Verkaufspreis:** | – |
| **Besonderheiten:** | Einzelstück für Technologie-Erprobung |

## 1999 Konzept-Threewheeler von L'il John Buttera

Im Jahr nach dem 95. Unternehmensgeburtstag gab Harley-Davidson eine Reihe von geheimen Studien in Auftrag, um die Wünsche und Bedürfnisse junger Einsteiger in die Harley-Szene zu ermitteln. Mangelnder Enthusiasmus für Motorräder sollte dabei kein Hindernis sein, denn ein Threewheeler oder ein Trike wären auch mit dem Autoführerschein zu bewegen. Wichtig war: Jugendliches Image mit sportlicher Fortbewegung, eine Art Skateboard mit Harley-Motor, waren doch die Trendsportarten der gerade aufkommenden X-Games alle auf Bewegung in mehreren Dimensionen ausgerichtet.

Dieses Gefühl auch mit einem Fahrzeug zu vermitteln, war die Aufgabenstellung für den Hot-Rod-Designer John Buttera, zu dessen Inspirationen zweifelsohne auch die in Südkalifornien populären „Street-Luge"-Rennfahrzeuge gehörten. Eine Mischung aus Skateboard, Rodelschlitten und Seifenkistenrenner sollte für einen größeren Kundenkreis, für den normalen Straßenverkehr und für die Produktion in der Großserie reif gemacht werden. Bereits der erste Prototyp hatte die Kurvenneigetechnik, die bis zur Einstellung der Entwicklung 2006 immer weiter entwickelt wurde.

## 2000 FXSTD Deuce

Mit der Deuce ging Harley-Davidson einen neuen Weg: Zum ersten Mal wird im Modelljahr 2000 nicht erst die Basis für ein Custombike vorgegeben, sondern gleich das fertige Endprodukt vorgestellt. Die Deuce ist ein ab Werk komplett durchgestyltes Custombike, an dem man eigentlich gar nichts mehr ändern möchte. Die Deuce war das Top-Modell des 2000er Harley-Jahrgangs und sie wurde dieser Rolle gerecht.

Alles an diesem Bike war neu: Vom Motor, dem erstmals verbauten Twin-Cam B mit Ausgleichswellen, bis zum Rücklicht. Außerdem glänzt es mit einer Optik, für die man bei einem Customshop eigentlich noch ein paar Tausender mehr auf den Tisch legen müsste. Die rund geschliffenen und ultra-cleanen Teile der Deuce waren nur an diesem Harley-Modell verbaut: Poliert, verchromt und mit weitgehend versteckten Halterungen bietet die Deuce einen Look, der dem eines Hot Rod auf zwei Rädern entspricht.

*Custombike ab Werk: Die Deuce war das Topmodell im Jahrgang 2000.*

| | |
|---|---|
| **Motor:** | luftgekühlter 45°-V-Twin, Twin Cam 88B |
| **Hubraum:** | 1449 cm³, 88 cubic inch |
| **Leistung:** | ca. 63 PS |
| **Verkaufspreis:** | 33.300 Mark |
| **Besonderheiten:** | gestrecktes Heck und Tank, 1691 mm Radstand |

*Schon bald nach der Vorstellung wurde die Deuce auch ein Objekt der Harley-internen Custom Vehicle Operations, kurz CVO. Hier die FXSTD CVO von 2004.*

## 2001 FXDXT Dyna Super Glide T-Sport

Die 2001 vorgestellte FXDXT war der Versuch, innerhalb der Dyna-Modellreihe einen schnellen Tourer zu etablieren: Als exzellente Fahrmaschine mit spritzigem, 88 cui großem Twin-Cam-Motor besaß die T-Sport eine neu entwickelte, lenkerfest montierte (und verstellbare) Verkleidung und relativ gut dimensionierte Packtaschen aus Nylon, die sich schnell abnehmen ließen. Die mittig angebrachte Fußrastenanlage erlaubte Tankschluss und sportliches Fahren, wenn auch die Rasten bei den möglichen Schräglagen relativ schnell aufsetzten.

Die Federung war vielfach einstellbar und ließ sich auf den Fahrer und auf die jeweilige Straßenbeschaffenheit abstimmen. Mit zwei Scheiben vorne und einer hinten lieferte die T-Sport auch gute Bremsleistungen. Alle Berichte zeugten von der Begeisterung der Testfahrer – und doch war die Maschine zu weit vom damaligen Publikumsgeschmack der Harley-Puristen entfernt. 2003 wurde die T-Sport wieder aus dem Programm genommen. Eine T-Sport ist aber definitiv eine gute Anschaffung für Harley-Fahrer, die mit Gepäck auch einmal flott unterwegs sein wollen.

| | |
|---|---|
| **Motor:** | luftgekühlter 45°-V-Twin, Twin Cam 88B, gummigelagert |
| **Hubraum:** | 1449 cm³, 88 cubic inch |
| **Leistung:** | ca. 70 PS |
| **Verkaufspreis:** | 14.720 US-$ |
| **Besonderheiten:** | exzellente Touren-Dyna |

*Etwas unterschätzt: Mit gutem Fahrwerk und reichlich Stauraum blieb die T-Sport Geheimtipp für Tourenfahrer.*

| | |
|---|---|
| **Motor:** | wassergekühlter 60°-DOHC-V-Twin |
| **Hubraum:** | 1130 cm³, 69 cubic inch |
| **Leistung:** | 115 PS |
| **Verkaufspreis:** | 20.068 Euro |
| **Besonderheiten:** | erstes wassergekühltes Großserien-Motorrad von Harley-Davidson |

*Ende 2001 war die brandneue V-Rod die Sensation der Motorrad-Szene. Nach der European Bike Week in Faak war die erste V-Rod in Deutschland auf der Custom Performance in Bad Salzuflen zu sehen.*

*Der prägnante V-Rod-Scheinwerfer ist ein populäres Stilmittel an Twin-Cam-Umbauten.*

*Scheibenräder, niedrige Sitzposition und erstmals ein wassergekühlter Motor in einem Harley-Davidson Straßenmodell*

## 2002 VRSC V-Rod

Der erste V-Rod-Prototyp wurde im August 1996 fertiggestellt und besaß noch ein VR-1000-Triebwerk aus dem Superbike-Racer. Die Rahmen hatten schon in etwa die Form der künftigen Produktionsmaschinen, und die Auspuffanlagen sollten Beobachter irreführen. Das Volumen der Töpfe entsprach dem des künftigen Endprodukts, die Form nicht. Wie die VR wurde der Prototyp von einer Kette angetrieben.

Die Produktion sollte parallel zur Vorstellung anlaufen, das Modeljahr 2002 war der Start des V-Twin Racing Street Custom (VRSC) mit dem „Revolution" getauften Motor. Der Coup gelang – und die V-Rod war auf nahezu jedem Titelbild der Motorradzeitschriften in aller Welt zu sehen. Jedoch waren die Verkaufszahlen weit von dem entfernt, was man sich vom neuen Modell versprochen hatte. Vor allem in den USA hatte und hat die V-Rod den Sprung in die Schaufenster nicht geschafft. Was vielleicht auch an der Umstellung auf metrische Schrauben lag. Amerikanische Händler sind da empfindlich.

## 2002 Buell XB9R und XB12R Firebolt

Zum Zeitpunkt ihrer Vorstellung waren die Buell-Modelle XB9R und XB12R Firebolt eine Sensation, die jedoch im Schatten der zeitgleich vorgestellten V-Rod standen. 1998 übernahm Harley-Davidson endgültig die Aktienmehrheit an Buell. Einen Meilenstein in der Firmengeschichte erreichte Buell ein Jahr später, als am Firmensitz in East Troy ein neues Forschungs- und Entwicklungszentrum errichtet wurde und die Produktionszahlen steigende Tendenzen zeigten. Doch Eric Buell war mit der Entwicklung seiner Bikes noch lange nicht am Ziel und der nächste Schritt sollte eine Gewichtsersparnis sein.

Die Firebolt XB9R wartet mit einzigartigen technischen Innovationen auf: Der Kraftstoff befindet sich im Rahmen, das Motoröl in der Schwinge, und an der Vorderradfelge montierte Buell eine ZTL-Scheibenbremse. Die Zero-Torsional-Load-Scheibe ist schwimmend gelagert am äußeren Speichenende unmittelbar an der Felge angebracht. So werden die Bremskräfte ohne Umweg über Nabe und Speichen direkt auf Felge und Reifen übertragen. Die radikale Fahrwerksgeometrie mit 1320 mm Radstand und 21° Lenkkopfwinkel sorgt für agiles Handling. Die leistungsstärkeren 1200-cm³-Modelle Lightning XB12S und Firebolt XB12R ließen allerdings noch bis zum Modelljahr 2004 auf sich warten.

| | |
|---|---|
| **Motor:** | luft-/ölgekühlter 45°-V2-Motor auf Sportster-Basis |
| **Hubraum:** | 985/1203 cm³ |
| **Leistung:** | 92 PS/101 PS |
| **Verkaufspreis:** | 10.439/11.499 Mark |
| **Besonderheiten:** | Leichtmetall-Brückenrahmen aus Hohlprofilen, der auch als Benzintank genutzt wird. |

*Kraftpaket: Die Buell XB9R mit radikaler Fahrwerksgeometrie.*

*Sprungbereit: Der knapp einen Liter große Motor auf Sportster-Basis lieferte rund 100 PS.*

*Spezialität: die Zero-Torsional-Load-Bremse*

*Der berühmteste Zebrastreifen der Welt: Abbey Road auf der rechten Tankseite.*

*Großes Versprechen: Zur Magical Mystery Tour wird jeder Trip mit dem Beatles Bike.*

*Schön bunt: Auf der linken Tankseite findet sich Sergeant Pepper's Lonely Hearts Club Band.*

## 2002 FXDWG Dyna Wide Glide „Beatles Bike"

Rick Levitan ist eingefleischter Beatles Fan – das zeigen die unzähligen Details seiner Dyna Wide Glide von 2002. Die hat mittlerweile mehr als 25.000 Meilen auf dem Zähler und befindet sich abgesehen vom Beatles-Look und der Auspuffanlage komplett im Serienzustand. Inspiriert von den Fab Four ließ Rick die Lackteile des Motorrads bei Airbrusher Chris Cruz in Florida nach Themen der Beatles-LPs veredeln, er selbst entwarf zahllose Details wie die Schaltgestänge als Drumsticks, die Rückspiegel in Form von „Ticket-to-Ride"-Eintrittskarten und was ihm noch so in den Sinn kommt, denn das Motorrad ist „Work in Progress" und besitzt versteckte Lautsprecher und iPod, aus denen, was sonst, die Songs der Fab Four aus Liverpool tönen. Wer jetzt glaubt, die Beatles und Harley-Davidson hätten wenig gemein, kennt weder Paul McCartneys Nach-Beatles-LP „Red Rose Speedway" noch das Dankschreiben von Ringo Starr, das jahrelang in der Harley-Handlung von F.H. Warr in London hing: Dort war und ist der frühere Beatles-Drummer Stammkunde und besitzt wohl eine ganze Anzahl von Harleys. Rick hat auf Shows zahllose Preise gewonnen und seiner Maschine eine eigene Website gewidmet, auf der man die Details in aller Pracht bestaunen kann: www.beatlesbike.com.

*Fanbike: Rick Levitan hat seine Dyna Wide Glide zum rollenden Beatles-Museum gemacht.*

| | |
|---|---|
| **Motor:** | luftgekühlter 45°-V-Twin, Twin Cam 88B, gummigelagert |
| **Hubraum:** | 1449 cm³, 88 cubic inch |
| **Leistung:** | ca. 70 PS |
| **Verkaufspreis:** | nicht zu verkaufen! |
| **Besonderheiten:** | zahlreiche handgefertigte Details |

*Steht breit im Wind: Der V-Twin in der Nase des Merlin wirkt auf die Vorderräder.*

*Hot Rod auf drei Rädern: der Merlin*

## 2002 Corbin Motors „Merlin" Roadster

Mike Corbin, Elektroingenieur und Geschwindigkeits-Weltrekordhalter für elektrische Motorräder, entwickelte 1996 den batteriegetriebenen Sparrow-Kleinwagen, dessen Absatzchancen nach der Vorstellung 1999 gering blieben. 2002 versuchte er durch den mit dem neuen Twin-Cam-Motor ausgestatteten Roadster „Merlin" die Produktion auszulasten und auch das Interesse am Sparrow wieder anzufachen. Harley-Davidson lieferte für den Wagen die Motoren, und das Fahrzeug hätte auch bei Harley-Davidson Händlern gewartet werden können.

Der 88-cui-Motor sitzt deutlich sichtbar vor dem Fahrer und gibt seine Kraft über ein handgeschaltetes 4-Gang-Getriebe an die Vorderräder ab. ABS und exklusive Ausstattung machen das Fahrzeug zu einem echten Hot Rod auf drei Rädern und das geringe Gewicht der Fiberglass-Karosserie beflügelt die Fahrleistungen zusätzlich. 2003 war jedoch die Finanzkraft der Corbin Motor Company erschöpft – die Zeit war für diese Fahrzeuge noch nicht reif.

| | |
|---|---|
| **Motor:** | luftgekühlter 45°-V-Twin, Twin Cam 88B |
| **Hubraum:** | 1449 $cm^3$, 88 cubic inch |
| **Leistung:** | ca. 63 PS |
| **Verkaufspreis:** | ab etwa 50.000 US-$ |
| **Besonderheiten:** | durchdachtes Dreirad mit Stil |

*Klein, schnell, außergewöhnlich: Aus einer Serie wurde jedoch nichts.*

*Lauter historische Motive zieren die reichlichen Flächen der Ultra Classic.*

*Easy Rider: Ikone der Film- wie der Harley-Geschichte.*

| | |
|---|---|
| **Motor:** | luftgekühlter 45°-V-Twin, Twin Cam 88 |
| **Hubraum:** | 1449 cm³, 88 cubic inch |
| **Leistung:** | ca. 63 PS |
| **Verkaufspreis:** | 25.375 Euro |
| **Besonderheiten:** | 100th Anniversary Lackierung plus Airbrush |

*Alles drin, alles dran: Schon als normale Anniversary edel lackiert und ausgestattet …*

## 2003 FLHTUI Electra Glide Ultra Classic Fuel Injection

Während die Modellpflege für das Modelljahr 2003 relativ moderat blieb, brachte das Geburtstagsjahr 2003 eine Flut von 100th-Anniversary-Modellen mit schwarz-grau-silberner Lackierung. Veredelt wurde der Grundlack durch spezielle Zierstreifen in denen – je nach Modell – in kleinen quadratischen Blöcken angeordnet mehrere Hundert Mal der Firmenname abgedruckt ist. Wegen des Sammlerwerts der in Anniversary-Farben lackierten Serienmodelle und der schwierigen Versorgungslage mit Ersatz-Zierstreifen wurden nur wenige Anniversary-Modelle umgebaut oder gar umlackiert.

Diese Electra Glide Ultra Classic Fuel Injection aus England ist eine Ausnahme: Airbrushmotive aus der US-amerikanischen und der Harley-Davidson Geschichte ziehen sich über Verkleidung, Packtaschen, Topcase, Schutzbleche und Tank, jedoch ohne die wertvollen Zierstreifen zu berühren und zu verdecken.

Die FLHTUI ist der Top-Tourer in der Harley-Davidson-Touring-Modellreihe und gut ausgestattet: Radio, CD-Player, CB-Funk, gepolsterte Sitzbank und Cruise Control. Bei einem werkseitig angegebenen Leergewicht von 377 Kilogramm ist sie zwar kein Leichtgewicht. Erst einmal in Bewegung, ist sie aber überraschend einfach zu fahren.

*… zeigt sich diese Maschine aus England zusätzlich mit Airbrush-Kunst.*

## 2003 FLSTF/FLSTFI Fat Boy 100th Anniversary Edition

Ein ganzes Jahrzehnt lang war die FLSTF Fat Boy mit dem Evolution-Motor ausgeliefert worden, und erst mit dem Modelljahrgang 2000 kam auch für die Softail-Baureihe die Umstellung auf den Twin-Cam-B-Motor, wobei das B für Balanced und die zur Vibrationshemmung eingebauten Ausgleichswellen steht. Wie in Jubiläumsjahren üblich stand auch die Fat Boy ganz oben auf der Liste für eine prestigeträchtige Lackierung zum 100. Firmengeburtstag – ein Event, der weltweit begangen wurde.

Die Fat Boy bietet eine sehr gute Fahrdynamik, gute Bremsen und ein eindrucksvolles Äußeres mit viel Chrom. Der Motor der 2003er Jubiläumsausgabe 1449 $cm^3$ ist groß und liefert 63 PS. Die Harley-Davidson Fat Boy ist ein Klassiker durch und durch, sieht gut aus und bietet eine relaxte Sitzposition, zumindest für den Fahrer, der auf einem Fernsehsessel-ähnlichen Rundumsitz thront und seine Füße auf massiven Trittbrettern abstellen kann.

*63 PS aus fast anderthalb Litern Hubraum gestatten entspanntes Gleiten mit der Fat Boy.*

*Extralack zum Hundertsten von Harley-Davidson: Auch die Fat Boy gab es natürlich in den Sonderfarben.*

*Mittlerweile selbst längst ein Klassiker: die Fat Boy*

| | |
|---|---|
| **Motor:** | luftgekühlter 45°-V-Twin, Twin Cam 88B |
| **Hubraum:** | 1449 cm³, 88 cubic inch |
| **Leistung:** | ca. 63 PS |
| **Verkaufspreis:** | 21.390 Euro |
| **Besonderheiten:** | 100th-Anniversary-Lackierung |

# 2004

## Aufbruch in die nächsten 100 Jahre

*Wer dachte, dass Harley-Davidson nach den Jubiläumsfeiern zum 100-jährigen Bestehen erst einmal eine Atempause einlegen würde, hatte falsch gedacht. Schlag auf Schlag wurden ganze Baureihen überarbeitet und neue Konzepte erdacht. Custom-Trends griff man in der Entwicklungsabteilung auf und testete die Ideen in limitierten CVO-Modellen. Die Zukunft versprach nahezu ungebremstes Wachstum.*

HARLEY-DAVIDSON
MOTOR
HARLEY-DAVIDSON
CYCLES
1903
2003
100

Lässt es richtig qualmen:
Bubba Blackwell auf V-Rod

| | |
|---|---|
| **Motor:** | wassergekühlter 60°-DOHC-V-Twin |
| **Hubraum:** | 1130 $cm^3$, 69 cubic inch |
| **Leistung:** | 115 PS |
| **Verkaufspreis:** | keine Angaben (Serienmodell kostet in Deutschland 20.675 Euro) |
| **Besonderheiten:** | Sonderlackierung für Stunt-Einsatz |

*Schwer zu glauben, was sich mit einer schweren Straßenmaschine wie der V-Rod so alles anstellen lässt.*

*Tankdeko I: Daredevil heißt so viel wie Teufelskerl.*

*Tankdeko II: In den USA durfen die Stars and Stripes einfach nicht fehlen.*

## 2004 VRSC V-Rod Bubba Blackwell Stunt Special

Um den US-amerikanischen Harley-Fahrern die V-Rod schmackhafter zu machen, war auch der Stunt-Einsatz des offiziellen Harley-Davidson-Stuntman gefragt: Bubba Blackwell wurde 2003 mit einer VRSCA ausgestattet. Der lange Radstand machte dem US-Stuntprofi keine Probleme, schließlich hatten schon Rainer Schwarz und Craig Jones die Stunttauglichkeit der V-Rod unter Beweis gestellt. Craig ließ die Maschine in bester Evel-Knievel-Tradition in der typischen Stars & Stripes Lackierung brushen.

Das Repertoire der V-Rod war jedoch etwas beschänkter als das der früheren Stunt-Buells: Wheelies, Drifts, Burnouts. Stoppies verbieten sich ob der niedrigen Schwerpunktlage von selbst, doch wenn die Maschine erst mal senkrecht steht, lässt sich die V-Rod auch bei langsamen Geschwindigkeiten auf dem Hinterrad gut ausbalancieren. Neben der V-Rod nutzt Blackwell Vertreter mehrerer Harley-Davidson-Baureihen für seine Stunts und hat in den vergangenen Jahren mehrere Weitsprung-Rekorde aufgestellt.

## 2005 VRSCSE Screamin' Eagle V-Rod „Turbo-Bagger"

Auch Harley-Fans haben Träume: Eine 2005er Limited Edition VRSCSE Screamin' Eagle V-Rod ist an sich schon exklusiv genug, doch Dennis Pierce wollte seine V-Rod als „Bagger" modifiziert – eine Modellvariante, die Harley-Davidson bisher nicht realisierte hatte: Nach der Vorstellung der „Street Rod" im August 2005 waren die Erwartungen für einen V-Rod-Bagger hoch geschraubt. Doch Harley-Davidson lieferte nicht. Also blieb nur die Eigeninitiative: Die rahmenfeste Verkleidung der Tour Glide und das volle Touring-Paket im Stil der Electra Glide „Ultra Classic" bieten genügend Raum für die große Tour. Ein Turbolader sorgt trotz des zusätzlichen Gewichts für den nötigen „Boost" und die Maschine ist – exakt in den Farben des CVO-Modells „Screamin' Eagle" lackiert – dem CVO-Look zum Verwechseln ähnlich. Ab Werk bleibt ein Turbo-V-Rod-Bagger weiter ein Wunschtraum.

*Viel mehr geht nicht: die Turbo-Bagger auf V-Rod-Basis von Dennis Pierce*

*Für Extra-Power: Der Turbo am V-Rod-Motor*

| | |
|---|---|
| **Motor:** | wassergekühlter 60°-DOHC-V-Twin |
| **Hubraum:** | 1250 cm³ |
| **Leistung:** | mehr als 140 PS, je nach Ladedruck |
| **Verkaufspreis:** | Sonderanfertigung, ca. 70.000 Euro |
| **Besonderheiten:** | Tourenbike für Show & Go |

*Fern, schnell, gut: Moderner Bagger im Screamin'-Eagle-Design*

Die 2005er Interpretation des Klassikers: FLHTCI Electra Glide Classic

| | |
|---|---|
| **Motor:** | luftgekühlter 45°-V-Twin, Twin Cam 88A |
| **Hubraum:** | 1449 cm³, 88 cubic inch |
| **Leistung:** | 67 PS |
| **Verkaufspreis:** | 24.330 Euro |
| **Besonderheiten:** | Top-End-Tourer für lange Strecken |

Keine Angst vor Distanzen: Fauteuils im King-Size-Format

*Langstreckentauglich ist natürlich auch die Cockpit-Ausstattung.*

*Tourer-Traum: Electra Glide hieß schon immer kommodes Reisen auf zwei Rädern.*

## 2005 FLHTCI Electra Glide Classic

Die Electra Glide „Classic" des Baujahrs 2005 ist der Tourendampfer par excellence: Wuchtig, massiv im Auftreten und ein Stück USA zum Cruisen auf der Mainstreet von Daytona oder Sturgis. Wer in den riesigen Sattel einer Electra Glide steigt, wird bereits seit 2005 von der schieren Fülle der Anzeigeinstrumente erschlagen – und da gab es noch kein eingebautes Navigationssystem und USB-Anschlüsse. Eine Steigerung ist nur durch das „Tour Pack" der Ultra Classic möglich, bei der es auch Beinschilde und weitere elektronische Upgrades gibt.

Einmal in Bewegung gesetzt, ist der Schaufelraddampfer auf zwei Rädern überaus überraschend wendig. Mit dem Twin-Cam 88A ist auch die Motorleistung angenehm und durchzugsstark. Wie bei allen Harley-Davidson-Tourenmodellen ist der Motor in Gummiblöcken gelagert und tobt und windet sich innerhalb seiner Bewegungsfreiheit, während Fahrer und Beifahrer von Vibrationen verschont bleiben. Die „großen" Electra-Glide-Modelle bieten gerade dem Beifahrer üppigen Fahrkomfort mit Rückenlehnen, eigenen Möglichkeiten zur Senderwahl und Lautstärke-Regelung und genügend Platz, um eine längere Autobahn-Etappe auch mal zu überschlafen.

## 2005 XL 1200 C Sportster „Custom"

In vollem Chromglanz präsentiert sich die XL 1200 C Sportster „Custom". 2004 hatten alle Sportster-Modelle einen neuen Rahmen spendiert bekommen, in dem der Motor jetzt in Gummi gelagert war. Weniger Vibrationen und besserer Fahrkomfort verbinden sich mit viel Chrom und Styling in allerbester Custom-Traditon: vorverlegte Fußrasten, Bullet-Scheinwerfer und in diesem Fall Räder aus dem Harley-Zubehörkatalog.

Im Vergleich zu anderen Sportster-Modellen sorgt der 17-Liter-Tank dafür, dass man die eine oder andere Zapfsäule links liegen lassen kann. Die „Custom" besitzt eine relativ komfortable Sitzbank für zwei Personen und lässt sich auch für längere Touren nutzen. Die Sitzposition ist betont niedrig, um die Maschine auch für Fahranfänger attraktiv zu machen. Dabei ist die Sportster-Baureihe historisch gesehen die „sportlichste" aller Harley-Davidson-Baureihen und durch ihren günstigen Einstiegspreis eine beliebte Basis für Custom-Umbauten. Im Modelljahr 2005 blieb die Sportster-Baureihe nahezu unverändert, sieht man von der auf einen Zoll verstärkten Hinterradachse für bessere Fahrstabilität ab.

*Schlicht und ergreifend: Kein Schnickschnack lenkt den Fahrer ab.*

*Viel Chrom zeichnet die Custom-Sportster aus.*

Klassische Sportster-Attribute hat auch die Custom von 2005.

Gestreckt, niedrig und vergleichsweise schlank kommt die 1200er daher.

| | |
|---|---|
| **Motor:** | luftgekühlter Zweizylinder-Viertakt 45°-V-Twin |
| **Hubraum:** | 1202 cm³, 73,20 cubic inch |
| **Leistung:** | 64 PS |
| **Verkaufspreis:** | 11.310 Euro |
| **Besonderheiten:** | besonders niedrige Sitzposition |

## 2006 Penster Threewheeler-Prototyp

Die 2006 verworfene Penster ist die jüngste und vielleicht am weitesten entwickelte Studie eine Threewheelers von Harley-Davidson. Gleichzeitig ist sie eine der letzten Arbeiten des 2008 verstorbenen Dragster- und Hot-Rod-Designers John Buttera, dessen Arbeiten vor allem in Kalifornien entstanden.

Diese Maschine zeichnet sich durch ein Fahrwerk aus, dass sich aktiv in die Kurve legt, wie man das mittlerweile von einigen Motorollern kennt. Doch für die zu erwartenden Geschwindigkeiten und Leistungen hatte Harley ein elektro-hydraulisches System entwickeln lassen, um das gesamte Dreirad in die Kurven zu legen. Warum die Maschine nicht realisiert wurde, wird wohl für immer ein Firmengeheimnis bleiben, doch zahlreiche dreirädrige Kleinserienfahrzeuge scheiterten in jenen Jahren. Erst mit dem Revival der Morgan-Threewheeler, jetzt befeuert von einem S&S-X-Wedge-Motor und des Slingshot von Polaris scheint sich eine breitere Akzeptanz der kleinen Flitzer abzuzeichnen.

*Und noch ein Dreirad: Auch dem Penster war kein Erfolg beschieden.*

*Hot-Rod-Designer John Buttera entwarf das Äußere des Threewheelers.*

*Harley hatte eigens für den Penster ein elektro-hydraulisches Kurvenneige-System entwickelt.*

| | |
|---|---|
| **Motor:** | luftgekühlter 45°-V-Twin, Screamin' Eagle Twin Cam 110B |
| **Hubraum:** | 1802 cm³, 110 cubic inch |
| **Leistung:** | ca. 112 PS |
| **Verkaufspreis:** | – |
| **Besonderheiten:** | Prototyp aus der Harley-Davidson-Museums-Sammlung |

| | |
|---|---|
| **Motor:** | wassergekühlter Zweizylinder 60°-V-Motor |
| **Hubraum:** | 1131 cm³ |
| **Leistung:** | 120 PS |
| **Verkaufspreis:** | 16.155 Euro |
| **Besonderheiten:** | Harleys beste Fahrmaschine |

*Ultimative Fahrmaschine: die Street Rod von 2006*

*Klasse-Fahrwerk, Klasse-Motor: Trotzdem sollte sich die Street Rod nur ein Jahr lang im Programm halten.*

*Die Street Rod taugt auch fürs Stunt-Driving.*

## 2006 VRSCR Street Rod

Die Street Rod von 2006 war die ultimative Fahrmaschine von Harley-Davidson und mit 120 PS Motorleistung ein würdiger Nachfolger der VR 1000. Serienmäßig mit Showa-Upside-Down-Gabel, Brembo-Bremsen und exzellenten Fahreigenschaften ausgestattet, machte die Bodenfreiheit Schräglagen von 40° möglich. Ein steilerer Lenkkopfwinkel, ein kürzerer Radstand und längere Federwege lassen das Fahrwerk dynamischer wirken. Die mittig montierten Fußrasten ermöglichten einen perfekten Tankanschluss und die Street Rod erhielt als erste Version den größeren 5-Gallonen-Tank, der die Reichweite auf angenehme Werte erhöhte. Leider floppte die Street Rod in den USA – wie schon die V-Rod zuvor – und so wurden die Modelle bei den Händlern in die hinterste Ladenecke geschoben. Als Schritt zu weiteren V-Rod-Modellen war die VRSCR eine solide Basis, doch die Street Rod verschwand schon nach dem Modelljahr 2007 sang- und klanglos aus dem Modellprogramm.

Erfolgsmodell: Die Street Bob erwies sich 2006 vom Start weg als Verkaufsschlager.

| | |
|---|---|
| **Motor:** | luftgekühlter 45°-V-Twin, Twin Cam 88A |
| **Hubraum:** | 1449 cm³, 88 cubic inch |
| **Leistung:** | 73 PS |
| **Verkaufspreis:** | 13.315 Euro |
| **Besonderheiten:** | Minimal-Ausstattung für maximalen Fahrspaß |

Steht gut da: der Werks-Bobber von Harley

## 2006 FXDB Street Bob

Die FXDB Street Bob war der Überraschungs-Erfolg des Baujahres 2006. Mit überaus spitzem Bleistift kalkuliert, bot die Street Bob eine Minimal-Ausstattung mit mattschwarzem Lack und nur der notwendigsten Fahrausstattung. Das traf den Nerv der Zeit und sie verkaufte sich auf Anhieb sensationell.

Mit den mittig angebrachten Fußrasten ist die FXDB eine Fahrmaschine mit exzellentem Handling, die für spritzige Kurvenfahrten ebenso geeignet ist wie für die atemberaubenden Drifts der Stuntfahrer, welche diese Maschine sofort in ihre Akrobatik aufnahmen – und damit der FXDB zu noch größerer Beliebtheit verhalfen.

Dass die Street Bob als Bobber vermarktet wurde, gehört zu den Merkwürdigkeiten: Das hintere Schutzblech wurde auf ein Minimum gekürzt, was unter den damals noch großen und Pizzablech genannten deutschen Nummernschilder gar nicht auffällt. Das Vorderrad-Schutzblech kann jeder Besitzer selbst demontieren und den Dreck über die ganze Maschine verteilen lassen. Die FXDB ist kein reines Schönwetter-Fahrzeug – und der Tank definitiv langstreckentauglich.

*Minimalausstattung als Erfolgsrezept: die Street Bob*

## 2006 FLHT Stunt-S „Pyro Glide"

„Ich hätte da ein paar interessante Sachen zu fotografieren", tönte es im Oktober 2005 aus dem Telefonhörer – und wenn am andern Ende der Leitung Stuntprofi Rainer Schwarz ist, gilt es aufzuhorchen. „Wir wollten für die Saison 2006 einen echten Eyecatcher haben – und da kam nur die Electra Glide in Frage."

Der mehrfache „Top-Gas-Super-Twin-" Europameister Bernd Kramer bearbeitete das Motorinnenleben, um der über 400 kg schweren Maschine auch die nötige Leistung einzuhauchen. Österreichs Airbrush-Export Nr. 1 Markus Pfeil sorgte für die flammende Lackierung. Doch neben spektakulären Wheelies und Burnouts hat das Monsterbike noch mehr zu bieten: Rainers Haus-Feuerwerker verkabelte die Maschine mit pyrotechnischen Effekten, weshalb bei ausgesuchten Events, wie der speziellen Pyro-Show beim Bike and Music Weekend in Geiselwind oder anderen Großevents, die Maschine zum Abschluss der Show aus allen Rohren feuert. Eine Electra Glide auf dem Hinterrad glaubt man eh nur, wenn man es selbst gesehen hat!

*Trotz eindrucksvollen Flammendekors: Wer denkt bei einer E-Glide schon an Stunts?*

| | |
|---|---|
| **Motor:** | luftgekühlter 45°-V-Twin, Twin Cam |
| **Hubraum:** | 1584 cm³, 96 cubic inch, Screamin Eagle „Big Bore" Kit |
| **Leistung:** | mehr als 120 PS |
| **Verkaufspreis:** | nicht zu verkaufen! |
| **Besonderheiten:** | Abschussvorrichtung für Feuerwerk |

*Pyrotechnik im Topcase fürs feurige Show-Finale*

*Airbrush-Kunst: Da scheinen wirklich Flammen zu lodern.*

*Wheelie mit der E-Glide: Kinder, macht das nicht zuhause nach!*

*Burning Rubber: Stuntprofi Rainer Schwarz raucht den Hinterreifen seiner „Pyro Glide“ auf.*

| | |
|---|---|
| **Motor:** | flüssigkeitsgekühlter 60°-Revolution-V-Twin |
| **Hubraum:** | 1300 cm³, 79 cubic inch<br>Verdichtung 14:1 |
| **Leistung:** | 165-175 PS |
| **Verkaufspreis:** | 31.249 $ |
| **Besonderheiten:** | der „Out of the Box" Harley-Dragster für den Dragstrip, nicht für den Straßenverkehr zuzulassen |

*Spektakel: Zur Show gehört der Burn-out.*

*Nur für den Dragstrip: Mit der Destroyer als Beschleunigungsrenner wollte Harley die V-Rod bekannter machen.*

*Warmlaufphase: Für besten Grip will der Hinterreifen erst einmal auf Temperatur gebracht sein.*

## 2006 Harley-Davidson VRXSE Screamin' Eagle V-Rod Destroyer

Im Modelljahr 2006 startete Harley-Davidson einen neuen Versuch, die V-Rod einem breiteren Publikum näherzubringen. Die V-Rod Destroyer war die ultimative Waffe für den Dragstrip. In den USA fuhr die V-Rod in den NHRA-Rennserien vor großem Publikum mit Erfolg und großem Medienecho – aber dennoch stagnierten die Verkäufe. Aus 1300 cm³ schöpfte die Destroyer mehr als 165 PS bei einer – bis an die Grenze hochgefahrenen – Verdichtung von 14:1. Eine Serie von 600 Maschinen sollte aufgelegt werden, von denen 20 Destroyer für Deutschland eingeplant wurden. 2006 bis 2008 nahmen Destroyer an vielen Rennen teil, wobei die Finalläufe bei den NitrOlympx in Hockenheim, vor der größtmöglichen Kulisse, die man in Europa für ein Dragsterrennen bekommen kann, stattfanden. Danach waren die 30.000 Euro teuren Rennmaschinen, die für den Straßengebrauch nicht zuzulassen waren, mehr oder weniger nur noch Museumsstücke – oder mussten sich in Klassen einreihen, in denen sie mit japanischen Supersportlern an die Startampel gehen mussten.

*Sportler mit Tourenqualitäten: Die Buell XB 12 X war fast so etwas wie eine Supermoto mit Koffern.*

*Taugt für Straße wie für Schotter: Buells Antwort auf die BMW GS*

*Kraftprotz: 101 PS liefert der 1200er-Motor.*

| | |
|---|---|
| **Motor:** | luftgekühlter 45°-V-Zweizylinder |
| **Hubraum:** | 1203 cm³ |
| **Leistung:** | 101,4 PS |
| **Verkaufspreis:** | 12.109 Euro |
| **Besonderheiten:** | Leichtmetall-Rahmen mit vibrationsentkoppelter Motoraufhängung und integriertem Kraftstofftank |

## 2007 Buell Ulysses XB 12 X

Die XB 12 X war Buells Versuch, für V-Twin-Fahrer eine Alternative zur BMW GS, zur Honda Transalp und zur Yamaha Ténéré zu schaffen. Die Sitzposition war hoch, und kleinere Fahrer reichten nur mit Mühe mit den Fußspitzen auf den Boden – wenn sie nicht gleich im Powerslide um die Kurve drifteten. Was aussieht wie ein Sportster-Motor, ist nämlich der für die Buell-Modelle extrem hochgezüchtete „Thunderstorm"-Twin mit werksseitig angegebenen 101,4 PS Leistung. Damit war ein Lupfen des Vorderrads fast immer möglich und die gegebene Bodenfreiheit ließ extreme Schräglagen zu.

Mit den 16,7 Litern Treibstoff im Rahmen waren immer mehr als 200 km drin, außer man ließ die Buell auf der Autobahn so richtig fliegen. Mit der voll einstellbaren 43-mm-Showa-Upside-Down-Gabel mit 165 mm Federweg und der mehrfach einstellbaren Federung hinten ließ sich das Kraftpaket sicher auf Straße und Schotter bewegen. Mit der Einstellung der Marke Buell ging auch der Verlust der Ulysses einher.

## 2007/2008 VT-Rod oder Cirbin V13 R

Zunächst als Cirbin Motor aus Kanada 2007 vorgestellt, kam die VT-Rod als ausgereiftes Fahrzeug zur BikeWeek 2008 und sorgte dort für reichlich Furore. Einmal mehr hatte Harley-Davidson komplette V-Rod-Antriebsstränge zur Verfügung gestellt und die VT-Rod hätte von jedem offiziellen Harley-Händler gewartet werden können. Angetrieben von der jüngsten 1250-cm³-Version der V-Rod, brachte das 125 PS starke Gefährt jede Menge Fahrspaß auf die Straße. Die Maschine besitzt vorne eine Achsschenkel-Aufhängung wie in der Formel 1, und der niedrige Schwerpunkt sowie das geringe Gewicht lassen beeindruckende Beschleunigungen zu.

Unter der Fiberglas-Verkleidung sitzt ein geschweißter Rohrrahmen mit Knautschzonen und Überrollbügeln hinter den Sitzen. Trotz exzellenter Fertigungsqualität und dem zuverlässigen Motor sind größere Stückzahlen nicht produziert worden – unmittelbar nach der Vorstellung der Maschine schlug die Finanzkrise von 2008 voll auf den Zweiradmarkt durch.

*Immer wieder versucht, selten geglückt: Dreirad-Konzepte mit potenten Motorradmotoren. Den Erfolg der VT-Rod verhinderte die Krise von 2008.*

| | |
|---|---|
| **Motor:** | wassergekühlter 60°-V-Rod |
| **Hubraum:** | 1250 cm³ |
| **Leistung:** | 125 PS |
| **Verkaufspreis:** | ab 39.995 US-$ |
| **Besonderheiten:** | Kleinserien-Threewheeler mit V-Rod Power! |

Spaßmobil: 125 PS und kaum nenneswertes Gewicht versprechen viel Freude am Fahren.

Ein Antriebsrad muss genügen.

Hinten V-Rod-Antrieb, vorn Formel-1-Fahrgestell: Technik vom Feinsten in der VT-Rod

# 2008

## Jeder Boom hat mal ein Ende

*2007 hatte Harley-Davidson rekordverdächtige 330.619 Motorräder ausgeliefert. 350.000 Einheiten und mehr waren angepeilt, von 450.000 träumte man. Harley-Davidson konnte jetzt nicht nur die Nachfrage seiner Kunden bedienen, Motorräder und Motoren waren von derart guter Qualität und Leistung, dass den Ende der 90er Jahre entstandenen Klon-Herstellern die Kundschaft weglief und Customizer auf den Twin Cam umschwenkten. Ab September 2008 platzten die Wertsteigerungsträume US-amerikanischer Hausbesitzer und damit die Kredit-Sicherheiten ihrer Fahrzeuge. Harley-Davidson produzierte nicht nur riesige Stückzahlen neuer Motorräder, sondern bekam jede Menge „auf Stotter" finanzierte Maschinen zurück.*

Die Vollendete: Schade, dass nach Fertigstellung des Meisterwerks von Eric Buell Schluss mit der Marke war.

Mehr als 140 PS stemmte der Rotax-V2 aufs Hinterrad.

## 2008 Buell 1125CR

Am Ziel – und am Ende. Das ist in einem Satz die Geschichte der Buell 1125R. Endlich war das Motorrad vollendet, das Eric Buell immer angestrebt hatte, dann setzte es den Paukenschlag: Am 15. Oktober 2009 stellte Harley-Davidson die Ergebnisse des dritten Quartals vor und verkündete den sofortigen Produktions-Stopp für Buell-Motorräder. Ein Jahr zuvor, im Juli 2008, hatte es noch so ausgesehen, als käme Eric Buell endlich seinem Ziel näher: Er verkündete für das Modelljahr 2009 die Vorstellung eines sensationellen neuen Modells, das die Beschränkungen des von der Sportster abstammenden luftgekühlten 45°-V-Twins überwinden sollte: Die Buell 1125CR, so ließ Buell verkünden, sei „teils Superbike, teils Streetfighter und meine Vision von einem modernen Café Racer". Das Bike kam mit einer Cantilever-Schwinge, Einscheiben-Perimeterbremse mit Achtkolbenzange vorn sowie Zahnriemenantrieb. Der wassergekühlte 1125-cm³-Motor von BRP-Rotax leistete beeindruckende 145 PS – kam aber bei den US-amerikanischen Puristen gar nicht gut an.

| | |
|---|---|
| **Motor:** | flüssigkeitsgekühlter 72°-V2 von BRP-Rotax in Österreich |
| **Hubraum:** | 1125 $cm^3$ |
| **Leistung:** | mehr als 140 PS |
| **Verkaufspreis:** | 12.809 Euro |
| **Besonderheiten:** | Hi-Tech-Sportbike mit edler Ausstattung |

*Die 1125CR war eine Mischung aus Superbike und Streetfighter.*

*Schöne Details und die Mischung aus Lackfarben und Oberflächenbehandlungen machen den Reiz aus.*

*Die reine Lehre: Die Nightster scheint wirklich nur aus dem Allernotwendigsten zu bestehen.*

| | |
|---|---|
| **Motor:** | luftgekühlter 45°-V-Twin |
| **Hubraum:** | 1202 $cm^3$ |
| **Leistung:** | 67 PS |
| **Verkaufspreis:** | ab 9795 Euro |
| **Besonderheiten:** | Minimal-Ausstattung zum Minimal-Preis |

## 2008 XL 1200N Nightster

Die Harley-Davidson Nightster ist ein revolutionäres Modell von Harley-Davidson, das vor allem die deutschen und europäischen Zulassungsvorschriften nachhaltig veränderte. Vor der Nightster war ein Motorrad ohne herkömmliches Rücklicht undenkbar – jeder Versuch eines Customizers wäre spätestens beim TÜV gescheitert. Jetzt können selbst winzige LED-Blinker als Kombination von Rück- und Bremslicht sowie Fahrtrichtungsanzeiger montiert werden.

Die Nightster war außerdem eine Kampfansage in Sachen Preis, der auf alle Fälle vierstellig sein sollte. Durch den niedrigeren Lenker und den näher zum Tank gerückten Sitz lässt sich die Nightster relativ bequem fahren. Damit ist sie viel wendiger, als man es von einem Motorrad mit 260 kg Gewicht erwartet. Drahtspeichenräder und Gummischutz an der Vorderradgabel geben den klassischen Look. Der Zweizylinder-V mit 1200 $cm^3$ vermittelt mit seinem markanten Sound den Charme längst vergangener Tage. So wundert es nicht, dass Harley-Davidson dieses Model als „Einstiegsdroge" in die Harley-Welt sah.

*Preisschlager: Harley bot die 1200er zum Appetitanreger-Preis von weniger als 10.000 Euro an.*

## 2008 FLSTSB Softail Cross Bones

Die Cross Bones ist ein astreiner Bobber im „Old-School"-Stil, technisch rollt sie jedoch mit beiden Rädern voll in das 21. Jahrhundert. Softail-Fahrwerk mit Twin-Cam 96B nebst „Cruise-Drive"-Sechsganggetriebe. Der Motor hat Ausgleichswellen und wurde starr mit dem Softail-Rahmen verschraubt. Wie alle Softail-Modelle des Jahrgangs kam auch die Cross Bones mit elektronischer Einspritzung ESPFI und neuer Kupplung mit komfortablerer Bedienung.

Die Cross Bones zitiert den Stil der klassischen gechoppten Bobber aus der Zeit nach dem Zweiten Weltkrieg: Vorn erfüllt ein winziges Schutzblech so gerade eben die gesetzlichen Bestimmungen, während hinten das klassische Bobtail-Schutzblech den Blick auf den 200 Millimeter breiten Hinterreifen freigibt. Schwarz lackierte Felgen mit Stahlspeichen tragen vorn und hinten Reifen mit identischem Profil. Der einstellbare Solositz der Cross Bones stützt sich auf einer komfortablen Sitzhöhe von lediglich 675 Millimetern gegen zwei Spiralfedern ab. Unter dem klassischen Sitz lugt ein markanter Softail-Horseshoe-Öltank hervor – ganz alte Schule.

*Old-School-Bobber: Da darf auch die Springergabel nicht fehlen.*

| | |
|---|---|
| **Motor:** | luftgekühlter 45°-V-Twin, Twin Cam 96B |
| **Hubraum:** | 1584 cm³, 96 cubic inch |
| **Leistung:** | ca. 66 PS |
| **Verkaufspreis:** | 19.195 Euro |
| **Besonderheiten:** | Springer-Gabel mit 16-Zoll-Vorderrad |

*Hoher Lenker, solide Trittbretter und der sichtbar spiralgefederte Sattel überm Horseshoe-Öltank machen den Look rund.*

| | |
|---|---|
| **Motor:** | luftgekühlter 45°-V-Twin |
| **Hubraum:** | 1202 cm³ |
| **Leistung:** | 91 PS |
| **Verkaufspreis:** | 13.210 Euro |
| **Besonderheiten:** | Fahrwerk-Ausstattungsdetails vom Feinsten |

*Funbike à la Harley: die XR 1200*

*Kurvenräuber:*
*Die XR bietet eine Straßenlage, wie man sie von einer Harley so nicht gekannt hat.*

## 2008 XR 1200

Harleys XR 1200 ist ein Funbike, das aussieht wie eine Supermoto, leichter ist als jede andere Harley – und Fahrleistungen erreicht, wie man sie von den Serientwins aus Milwaukee bis dato nicht gewohnt war. Stilistisch bringt die XR 1200 die Race-Atmosphäre der US-amerikanischen Dirt Tracks auf die europäischen Straßen. Als eine von wenigen Harleys bietet sie einen ganz engen Knieschluss, nicht zuletzt dank der geschickt verlegten Auspuffanlage und der unter dem Tank platzierten Einspritzanlage.

Mit solider 43-mm-Showa-Upside-Down Gabel vorne und einer speziell entwickelten Aluminiumdruckguss-Schwinge ist das Fahrwerk für schnelle Kurvendrifts wie geschaffen. Mit 250 kg Leergewicht ist die XR 1200 kein Leichtgewicht, doch startet man erst einmal den großvolumigen V-Twin, der satte 100 Nm bei nur 3700/min liefert, ist von dem Gewicht nicht mehr viel zu spüren. 2010 legte man mit der XR1200X noch einmal fahrwerksseitig drauf und machte auch die Gabel voll einstellbar, jedoch wurde 2013 die Entscheidung getroffen, diese Sportster im Modelljahr 2014 nicht mehr anzubieten.

*Muscle Bike: Nicht eben zurückhaltend gestaltet ist die Dyna Fat Bob.*

| | |
|---|---|
| **Motor:** | luftgekühlter 45°-V-Twin, Twin Cam 96A |
| **Hubraum:** | 1584 cm³, 96 cubic inch |
| **Leistung:** | ca. 66 PS |
| **Verkaufspreis:** | 16.215 Euro |
| **Besonderheiten:** | Doppelscheinwerfer |

*Extrem niedrig ist die Sitzposition dank Drag-Bar-Lenkers und vorverlegter Fußrasten.*

## 2008 FXDF Dyna Fat Bob

2008 präsentierte Harley-Davidson den „Pit Bull" der Modellpalette: Die Dyna Fat Bob ist wohl die am aggressivsten gestylte Maschine, die Harley bislang auf die Räder gestellt hat:

Eine extrem niedrige Sitzposition dank flachen Drag-Bar-Lenkers und vorverlegter Fußrasten, ein markanter Doppelscheinwerfer, ein armdicker Custom-Auspuff mit geschlitztem Hitzeschild im Look einer Thompson-Maschinenpistole, der sich seitlich um den schwarzen Twin-Cam-96-Motor windet, und der Vorderradreifen mit aggressivem neuem Profildesign, der nur für die Dyna Fat Bob erhältlich ist, machen dieses Bike einzigartig. Die bereits serienmäßig verfügbaren 180er-Hinterrad- und 130er-Vorderradreifen machen die Fat Bob zu einem reinrassigen „Muscle Bike". Mit einem 6-Gang-Getriebe ist diese Maschine sowohl für Ampelsprints wie auch für Touring gut gerüstet.

## 2008 FLHTCU Electra Glide Ultra Classic

Die E-Glide Ultra Classic ist Touring at it's best. Sie verkörpert sämtliche Werte, die eine echte Harley Road-Machine ausmachen: Sie ist ein luxuriöser Tourer mit umfassender Vollausstattung. Elektronische Cruise Control, das Advanced Audio System einschließlich Beifahrer-Soundsystem, Beinschilde mit großflächigen Belüftungsöffnungen, maßgeschneiderte Gepäck-Innentaschen sowie eine Gegensprechanlage sind serienmäßig an Bord.

Im Modelljahr 2008 kamen außerdem einstellbare Windabweiser an der Verkleidung dazu, die es dem Fahrer gestatten, den Fahrtwind zur komfortablen Belüftung gezielt auf die Sitze zu leiten. Der schwingungsentkoppelte Twin-Cam 96 mit 1584 cm³ Hubraum und ESPFI-Benzineinspritzung kommt mit einem „Cruise-Drive"-Sechsganggetriebe auf Touren. Zum ersten Mal verbaute Harley an diesem Modell auch den elektrischen Gasgriff – statt eines Zuges war neuerdings ein elektrischer Impuls für die Bedienung der Einspritzanlage zuständig.

| | |
|---|---|
| **Motor:** | luftgekühlter 45°-V-Twin, Twin Cam 96A |
| **Hubraum:** | 1584 cm³, 96 cubic inch |
| **Leistung:** | ca. 66 PS |
| **Verkaufspreis:** | ab 26.205 Euro |
| **Besonderheiten:** | Langstrecken-Tourer mit Komplettausstattung |

*Bleibt sich äußerlich treu: die 2008er Auflage der Electra Glide*

*Klassischer Look: Der Motor hat längst Einspritzung, und es gibt sogar einen Tempomaten.*

*Keine Experimente: Auf den ersten Blick lässt sich bei den E-Glides kaum sagen, wie alt sie sind.*

Freischwingende Hecks hatte Willie G. bei den Custom-Shows der Jahrtausendwende inspiriert: 2008 war der Trend schon wieder vorbei.

| | |
|---|---|
| **Motor:** | luftgekühlter 45°-V-Twin, Twin Cam 96A |
| **Hubraum:** | 1584 cm³, 96 cubic inch |
| **Leistung:** | ca. 66 PS |
| **Verkaufspreis:** | 21.845 Euro |
| **Besonderheiten:** | mitschwingendes Heckteil und ausklappbarer Soziussitz |

Der gerippte Öltank bleibt auch an allen Rocker-Custombikes erhalten. Er wurde bisher nur an diesem Modell verbaut.

Die Harley mit dem fettesten Gummi: 240er am Hinterrad war für Harley-Davidson Rekord!

## 2008 FXCWC Rocker C

Die Harley-Davidson Rocker wartet bereits ab Werk mit zahlreichen außergewöhnlichen Features auf: Beim so genannten Rockertail-Heck wölbt sich ein direkt an der Schwinge montiertes, extrem breites Heckschutzblech aus Metall in nur einem Zoll Abstand über den ultrabreiten 240er Hinterreifen. Wenn die Rocker rollt, bewegt sich das Schutzblech zusammen mit dem Hinterrad über die vollen 86 Millimeter Federweg des Rockertails.

Die chromglänzende Schwester der Rocker, die Rocker C (C steht für Custom), wartete mit einer weiteren Weltpremiere auf: Ihr Sitz verbarg im Inneren einen Sozius-Sitz. Sollte ein Beifahrer mitgenommen werden, muss man den Fahrersitz lediglich anheben, so dass der Beifahrersitz herausklappen und über dem Rockertail-Heck einrasten kann. Die Rocker C besitzt ein durchaus gelungenes Design mit einem der schönsten Harley-Öltanks und einem schon ab Werk gestretchten 18,9-Liter-Tank. Die vorverlegten Fußrasten sorgen für eine choppertypische Sitzhaltung. Für den Vortrieb ist ein Twin Cam 96B mit 1584 cm³ Hubraum, Ausgleichswellen und elektronischer Kraftstoffeinspritzung zuständig.

## 2008 Q-tec Engineering Quad

Die Idee hinter dem Q-Tec Quad ist so einfach wie faszinierend: Ein Anbau-Kit, mit dem man jede Harley-Davidson und jedes Custombike-Fahrwerk in ein Quad umbauen kann. Oder – und diese Option steckt ebenfalls im Konzept – in ein Trike oder in ein Tricycle mit zwei Rädern vorne und dem einzelnen Antriebsrad hinten. Eine patentierte Einzelrad-Achsschenkel-Aufhängung und Differenzial-Getriebe hinten ermöglichen eine einfache Montage der vorderen und hinteren Radsätze. Schraubt man nur den Heckantrieb an die Maschine, erhält man ein Hi-Tech Trike, bei Verwendung der Vorderrad-Aufhängung wird das Bike zum Tricycle – und dies, ohne den Rahmen verändern zu müssen.

Die Radaufhängungen stützen sich auf einen eigenen „Hilfsrahmen" aus Stahlrohr, der an schon vorhandene Befestigungspunkte von Harley-Davidson-Serien- oder Zubehör-Rahmen geschraubt wird. Schweißarbeiten sind somit nicht notwendig, und das Q-Tec Quad, Trike oder Tricycle kann bei Bedarf wieder in den Urzustand eines Zweirads zurückversetzt werden.

| | |
|---|---|
| **Motor:** | luftgekühlter 45°-V-Twin, Harley-Davidson oder Zubehör |
| **Hubraum:** | je nach Ausstattung |
| **Leistung:** | je nach Ausstattung |
| **Verkaufspreis:** | ab ca. 39.000 Euro |
| **Besonderheiten:** | vielfältig einsetzbarer Quad-Kit, auch als Trike oder Threewheeler möglich |

*Variabel: Das Quad lässt sich auf vielerlei Art konfigurieren.*

*Go-Kart: das Q-tec Engineering Quad*

*Komfortbetont: Auch wer auf Tour geht, sollte nicht aufs Sofa-Feeling verzichten müssen.*

*Hochstapelei: Aufs Topcase überm Kofferraum passt auch noch ein kleiner Gepäckträger.*

| | |
|---|---|
| **Motor:** | luftgekühlter 45°-V-Twin, Twin Cam 103A |
| **Hubraum:** | 1690 cm³, 103 cubic inch |
| **Leistung:** | ca. 83 PS |
| **Verkaufspreis:** | 29.999 US-$ |
| **Besonderheiten:** | dreirädrige Version der Electra Glide Ultra Classic mit elektrischem Rückwärtsgang |

*Wuchtiger Dampfer: die „Tri-Glide" des ersten Modelljahrs 2009*

## 2009 FLHTCUTG Tri-Glide Ultra Classic

Harley-Davidson beobachtete den Trike-Markt seit vielen Jahren – und entschied sich schließlich für einen der erfahrensten Trike-Kit-Anbieter, um von dessen Entwicklungs-Know-How zu profitieren. Lehmann Trikes bietet seit 1985 Umbau-Kits, aber auch komplette Dreiräder, an. Lehman und Harley minimierten die bei einem Trike auftretenden Probleme zu einem großen Teil, und als Triebwerk wurde die 103-cui-Version des Twin Cam gewählt. Das 6-Gang-Getriebe ist auf das Fahrverhalten abgestimmt, und das Rückwärtseinparken des 532,6 kg schweren Touren-Dreirads erfolgt mit elektrischer Kraft.

Die Tri-Glide fährt sich eleganter und mit weniger Kraftaufwand als alle anderen Harley-Trikes – auch wenn die spielerische Leichtigkeit der Fortbewegung auf zwei Rädern nicht erreicht wird. Dafür kann man die Trikes auch mit einem Autoführerschein bewegen – auch wenn man für den Preis eines Harley-Trikes schon fast einen Sportwagen erhält. Die große Zahl an Harley-Fans, die in den nächsten Jahren ihre „Electra-Glides" und „Road Kings" aus Altersgründen in die Garage stellen müssen, sind ein Potenzial, mit dem man in Milwaukee rechnet.

## 2009 VRSCF V-Rod Muscle

Ein Muskelprotz in puncto Leistung, Beschleunigung und Optik ist die VRSCF. 2009 vorgestellt, knüpfte sie nicht an das bekannte V-Rod-Designschema an, sondern setzte eigene Akzente in Richtung der US-amerikanischen Muscle-Cars, an die das eher kantige Styling erinnert. Die „Muscle" bekam ein komplett neues Kleid mit Schutzblechen, Tankattrappe und Kühler, auch die Instrumentenkonsole wurde neu gestaltet.

Das auffälligste Merkmal ist die 2-in-2-Auspuffanlage, die auf beiden Seiten des Motorrads viel Raum einnimmt und fast schon wie ein Pulsejet-Zusatzantrieb wirkt. Ultramodern wirken auch die in den Rückspiegel montierten LED-Blinker, die es in Serie so noch nicht bei Harley gab. Mit 117 Nm Drehmoment bei 6500/min hat die VRSCF mehr „Muscle" im gesamten Drehzahlbereich – zu verdanken ist dies der voluminösen Auspuffanlage.

| | |
|---|---|
| **Motor:** | wassergekühlter 60°-DOHC-V-Twin |
| **Hubraum:** | 1250 $cm^3$ |
| **Leistung:** | 121 PS |
| **Verkaufspreis:** | Sonderanfertigung, ca. 32.000 Euro |
| **Besonderheiten:** | für den extremen Stunt-Einsatz |

*Überraschend offen gibt sich das Werk in Sachen Produktentwicklung. Design-Vorstudie der „Muscle" im Harley-Davidson-Museum*

*Sofort nach ihrem Erscheinen durfte Rainer Schwarz eine Muscle in sein Stuntprogramm aufnehmen. Seine Shows haben wohl mehr Muscles verkauft als jeder Testbericht.*

*Kantige Formen im Stil der US-Muscle-Cars*

# 2010

## Mit Innovation in die Zukunft

*Im Jahr 2010 hat Harley-Davidson die Nachfrage-Krise noch nicht gemeistert – aber ein Rezept gefunden, das mit Erfolg praktiziert wird: ganz nah am Kunden sein, unmittelbare Reaktion auf Markttrends aufnehmen und neue Motorräder anbieten, die den Stil der alten Linien weiterführen, aber modernste technische Entwicklungen bieten. Dazu die Eroberung neuer, bisher noch unerschlossener Märkte mit riesigem Potenzial – die neuen Street-Modelle sollen auch in Indien produziert werden.*

## 2010 Veon Motorcycles V-Rod-Prototyp

Mark van der Kwaak (CAD Custombike-Designer), Peer Toftner (Gründer von Veon Motorcycles in Sarpsborg/Norwegen) und Frederic „Krugger" Bertrand erarbeiteten das Bike-Design und entwickelten neue Ideen für ein Projekt mit der Bezeichnung „Veon Adjustable Motorcycle Concept". Auf den ersten Blick scheint das Bike relativ unscheinbar und „Stock" zu sein, doch diese Maschine hat es in sich! Nicht so sehr der auf 115 PS aufgestockte Motor, der noch aus dem Harley-Davidson-Jubiläumsjahr 2003 stammt, sondern es ist das Fahrwerk, in dem echtes Dynamit steckt.

Denn hier steht nicht ein Motorrad – beim Veon-Konzeptbike handelt es sich eigentlich um zwei Motorräder in einem. Wer genau hinsieht, entdeckt bei der Veon zwei komplette Sätze Fußrasten: eine weit vorne angebracht, die zweite – im Sportbike-Style – hinten in Höhe der Sitzbank. Beide sind voll funktionsfähig, und beide können vom Fahrer genutzt werden. Denn dieses Motorrad funktioniert als Street-Dragster, als Lowrider und als Sportbike. Mit der jeweils dazu passenden Fahrwerksgeometrie.

*How low can ya go? Viel niedriger kann man ein Motorrad kaum machen.*

*Im variablen Fahrgestell steckt ein 115 PS starker V-Twin.*

| | |
|---|---|
| **Motor:** | wassergekühlter 60°-DOHC-V-Twin |
| **Hubraum:** | 1130 cm³ |
| **Leistung:** | 115 PS |
| **Verkaufspreis:** | Prototyp, Wert nicht anzugeben |
| **Besonderheiten:** | vielfach verstellbare Fahrwerksgeometrie |

*Einstellbar: Aus dem Veon-Prototypen lassen sich ein Street Dragster, ein Lowrider und ein Sportbike machen.*

*Radikal: Eine wahrgewordene Science-Fition-Phantasie ist die V-Rex.*

*Unterm futuristischen Kleid steckt der Motor der V-Rod.*

Bis ins Detail wurde das Design durchgehalten.

| | |
|---|---|
| **Motor:** | wassergekühlter 60° DOHC V-Twin |
| **Hubraum:** | 1250 cm³ |
| **Leistung:** | 121 PS |
| **Verkaufspreis:** | ca. 43.900 US-$ |
| **Besonderheiten:** | Sonderanfertigung mit V-Rod-Spezialfahrwerk |

*Wo da vorn und hinten ist, sieht man am besten, nachdem der Fahrer Platz genommen hat.*

## 2010 Travertson V-Rex

Mit der V-Rex bietet Christian Travert, ein in Florida beheimateter Franzose, eine Extrem-V-Rod an. Die Zeichnung zum neuen futuristischen Gefährt stammt von dem australischen Künstler Tim Cameron. 17 Monate Designarbeit und 4972 CAD-Files später konnten die Komponenten in Produktion gehen. Den V-Rod-Treibsatz wählte Travert mit Bedacht: „Zum einen ist es der klangvolle Name Harley-Davidson und die breite Verfügbarkeit der Händler, welche die Maschine wie ein Serienbike warten und betreuen könne", erklärt Christian, „zum anderen ist es die Entwicklung durch Porsche, die den Motor zuverlässig macht und ihm noch viel Entwicklungspotenzial lässt." Womit die obligatorischen „Screamin' Eagle"-Tuning-Kits gemeint sind, die aus dem Treibsatz noch ein paar Extra-Pferde herauskitzeln können. 2008 rollte er auf einem Prototypen durch die Straßen von Daytona, und bereits 2009 kam die Serienversion. Mittlerweile sind auch einige seiner Radikal-Bikes in Europa unterwegs.

| | |
|---|---|
| **Motor:** | luftgekühlter 45°-V-Twin, Twin Cam 96A |
| **Hubraum:** | 1584,96 $cm^3$ |
| **Leistung:** | ca. 66 PS |
| **Verkaufspreis:** | 18.675 Euro |
| **Besonderheiten:** | Tourer in Standard-Ausstattung zum Kilometerfressen und mit ABS |

*Einmal Frankfurt/Main – Patras: Mit den Tourern von Harley ist das kein Problem.*

## 2010 FLHT Electra-Glide Standard und FLHX Street-Glide

Manche Harley-Davidson-Spezialitäten sind selbst für Kenner schwierig auseinander zu halten. Bestes Beispiel dafür sind die FLHT Electra Glide Standard und die FLHX Street Glide. Auf den ersten Blick ähneln beide Modelle einander sehr. Es sind aber die Ausstattungsdetails, die den Unterschied ausmachen: Die Street Glide ist etwas luxuriöser ausgerüstet als die Standard-Version der E-Glide. Für das Modelljahr 2009 wurden Rahmen, Schwinge und Motoraufnahme der Tourenmodelle komplett überarbeitet – und alle Tourer bekamen einen 23 Liter fassenden Tank, mit dem Reichweiten von weit über 300 km möglich wurden. Bei der Standard-Version FLHT verzichtete man zugunsten eines günstigeren Verkaufspreises auf das voluminöse Topcase, was sie verwechselbar mit der Street Glide gemacht hätte. Beide Modelle dienten als bevorzugte Basis für Custom-Umbauten der gerade aktuellen Bagger-Mode: Tourenmotorräder mit aufwändigen Veränderungen von Taschen, Verkleidung und teils auch Motoreingriffen zur Leistungssteigerung.

*Auch für erweiterte Tagestouren – etwa Mykene nach Monemvassia und retour – gut ausgestattet …*

*… wird es mit zwei Personen und Gepäck für zehn Tage etwas eng ohne Gepäckträger. Im Hintergrund die Brücke vom Peleponnes zum griechischen Festland.*

Im Februar 2002 fuhr Rainer Schwarz als erster Stuntman Wheelies auf einer V-Rod. Mit der eigens für ihn aufgebauten Muscle hat er die Technik perfektioniert.

Mit mehr als 120 PS kann man auch den fetten Gummi der Muscle in Rauch aufgehen lassen.

| | |
|---|---|
| **Motor:** | wassergekühlter 60°-DOHC-V-Twin |
| **Hubraum:** | 1250 $cm^3$ |
| **Leistung:** | 121 PS |
| **Verkaufspreis:** | Sonderanfertigung, ca. 32.000 Euro |
| **Besonderheiten:** | für den extremen Stunt-Einsatz |

*Die will nur spielen: die VRSCF V-Rod mit „Muscle & Sound"*

*Unter anderem wurden das Fahrwerk, das Heck und die Auspuffanlage modifiziert.*

## 2010 VRSCF V-Rod Muscle RRC Stunt Special

Harley-Davidson und Buell-Stuntman Rainer Schwarz setzten die V-Rod Muscle – mit 121 PS bei 8250/min und einem Drehmoment von 115 Nm bei 6500/min ein wahres Muskelpaket – schon 2009 im Serienzustand zu spektakulären Drifts und Burnouts ein. Später überarbeitete der Buell- und V-Rod-Spezialist RRC Fahrwerk und Heck zu einem echten Powerbike. Frontverkleidung, Heckteil und Breitreifen-Umbau-Kit stammen von R-R-Customizing: 9,5x18"-Radsatz und 250er Dunlop-Reifen sind eine Ansage.

Der Motor wurde lediglich im Ansaugtrakt optimiert. An Leistung herrscht bei der Muscle ohnehin kein Mangel, und für den kernigen V-Rod-Sound sorgt die „Slip-On"-Remus-Anlage, die wie der Serienauspuff rechts und links „straight" nach hinten verläuft. Experience Colours lackierte das Bike in der auffälligen Remus-Lackierung, mit der Rainer das Bike seit der Saison 2010 an die physikalischen Grenzen der Motorradakrobatik bringt: Eine Harley-Davidson V-Rod mit „Muscle & Sound".

## 2011 FXS Blackline

Die Neuheit der Modellpalette 2011 war die „Softail zum Kampfpreis". Attraktiv gestaltet, die Ausstattung auf ein Minimum reduziert, aber dennoch eine Harley-Davidson Softail, mit der man sich beim Harley-Treffen sehen lassen kann. Den Pressetext zu zitieren lohnt sich: „Als ein Rebell der Custom-Bewegung zelebriert die Blackline drei fundamentale Elemente des Motorradfahrens: eine faszinierende Mechanik, einen Verbrennungsmotor und den sich bis zum Horizont erstreckenden dunklen Asphalt." Was soll man schon schreiben zu einem Motorrad, an dem „nichts dran" das Hauptprogramm ist? Natürlich macht Harley-Davidson keine Werbung für Customizer, für die die Blackline ein günstige Basis ist. Offizielle Harley-Händler mit eigener Teileherstellung wissen das schon seit der Softail Standard und der Night Train: Wo nichts dran ist, kann man viel umbauen – ohne viel wegschmeißen zu müssen. Serienmäßig mit dem Twin Cam 96B ausgerüstet, ist der Verkaufserfolg der FXS vor allem in ihrer sparsamen Ausstattung begründet.

*Gute Basis fürs Customizing: die FXS*

*Überschaubar bleiben Schalterelemente und Instrumentarium der Blackline.*

*Bewährter Antrieb: der Twin Cam 96B*

| | |
|---|---|
| **Motor:** | Twin Cam 96B |
| **Hubraum:** | 1584 cm³, 96 cubic inch |
| **Leistung:** | ca. 66 PS |
| **Verkaufspreis:** | ab 16.895 Euro |
| **Besonderheiten:** | komplett auf das Notwendigste reduziertes Motorrad für Custom-Aufbauten |

*Klassischer Softail: Federrahmen in Starr-Optik*

| | |
|---|---|
| **Motor:** | luftgekühlter 45°-V-Twin |
| **Hubraum:** | 1202 $cm^3$, 73,4 cubic inch |
| **Leistung:** | 66 PS |
| **Verkaufspreis:** | 10.395 Euro |
| **Besonderheiten:** | identische Reifengrößen 3 x 16 Zoll vorne und hinten im Bobber-Stil |

*Klassisch mit Peanut-Tank: Auch die 2011er Auflage der Sportster ist leicht zu erkennen.*

*Gleich große Räder vorn und hinten geben der Fourty Eight ihren unverwechselbaren Charakter.*

## 2011 XL 1200X Fourty Eight

Die 2011 vorgestellte Fourty Eight Variante der Sportster traf den Nerv der Harley-Fahrer und war auf Anhieb ein Verkaufserfolg. Ganz im Stil der Bobber aus der Zeit unmittelbar nach dem Zweiten Weltkrieg drehen sich vorne und hinten 16 Zoll große Gummiwalzen, und die Schutzbleche sind auf ein absolutes Minimum reduziert. Dass der Tank ein Nachfahre des Peanut-Spritfasses der 1948 vorgestellten S 125 ist – und somit eigentlich für den Benzinverbrauch eines 125 $cm^3$ großen Zweitakt-Motors konzipiert – stört dabei niemanden.

Der Solo-Sitz stammt noch aus Hugger- und XR-1000-Zeiten. Schon im Bobber-Stil ab Werk „vorgelocht" sind die Rahmenabdeckung, das Schutzblech vorn und der Beltschutz. Außerdem sind die Rückspiegel bereits unter dem Lenker montiert. Die hinteren Blinker dienen zugleich als Rück- und als Bremslichter, und das freut den Bobber-Enthusiasten ebenfalls. Der 1202 $cm^3$ große und schwarz pulverbeschichtete Evolution-V2 mit Kraftstoffeinspritzung bietet schon ab Werk mehr Leistung als jeder Original-Bobber der 1940er Jahre – und noch mehr „strippen" geht immer.

*Bobber-Elemente lassen die Fourty Eight besonders klassisch erscheinen.*

## 2011 FLHR Road King

Die Road King ist ein „Dauerbrenner" im Harley-Davidson-Programm und nur schwer aus der Touring-Linie des Herstellers wegzudenken. Seit der Vorstellung 1994 blieb das Grundkonzept stets erhalten: Ein Hauch ursprünglicher Electra Glide mit Tourenscheibe und Packtaschen im Lederdesign. Die Schnallen sind jedoch nur Zier und verbergen geschickt moderne Klemmverschlüsse, die sich besser öffnen lassen.

Der nostalgischen Optik stehen relativ gute Fahrleistungen gegenüber, und im Vergleich zu den großen Tourenmodellen schleppt die Road King wesentlich weniger Gewicht mit sich herum. Road King fahren hat auch heute noch viel vom ursprünglichen Fahrgenuss der frühen Electra Glides, nur mit viel mehr Leistung und um Welten besseren Bremsen, die auch mit ABS ausgerüstet sind.

Bei der Ausstattung hörte man auf die Kundenwünsche und gab der 2011er Version auch Cruise Control und mit Luftdruck verstellbare Federbeine mit auf die Reise. Trotz ihres wuchtigen Aussehens und der vielfach bewiesenen Langstreckentauglichkeit ist die Road King durchaus eine handliche Alltagsmaschine.

*Die Road King bietet die Essenz des ursprünglichen Electra-Glide-Fahrens.*

*Die Schnallen sind Zierrat, dahinter verbergen sich praktischere Verschlüsse.*

*Mit Scheibe und Koffern ist die Road King eine durchaus praktische Alltagsmaschine.*

*Klassisches Design mit moderner Technik verbinden die Tankarmaturen.*

| | |
|---|---|
| **Motor:** | luftgekühlter 45°-V-Twin, Twin Cam 103A |
| **Hubraum:** | 1690 cm³, 103 cubic inch |
| **Leistung:** | ca. 83 PS |
| **Verkaufspreis:** | 21.285 Euro |
| **Besonderheiten:** | ABS serienmäßig |

Tankemblem in Anlehnung an das der 1966er Electra Glide

Der neue Luftfilter für den 103-cubic-inch-Motor

Schneller Tourer: eine Dyna mit Heritage-Softail-Gabel und Trittbrettern

*Die Agilität einer Dyna mit der Gepäckkapazität einer Street Glide verbunden – das ist das Ziel der Dyna Switchback.*

| | |
|---|---|
| **Motor:** | luftgekühlter 45°-V-Twin, Twin Cam 103A |
| **Hubraum:** | 1690 cm³, 103 cubic inch |
| **Leistung:** | ca. 83 PS |
| **Verkaufspreis:** | 17.785 Euro |
| **Besonderheiten:** | mit ABS |

## 2012 FLD Dyna Switchback

Wollen Dyna-Fahrer auch eine Maschine mit Tourer-Ausstattung? Diese Frage wurde 2001 schon einmal beantwortet, die ausstattungs- und fahrwerkstechnisch exzellente FXDX-T „T-Sport" wurde jedoch ein Flop. Zehn Jahre später hat sich der Markt geändert – und so gab es einen weiteren Versuch: Für das Modelljahr 2012 präsentierte Harley-Davidson die neue Dyna Switchback die, laut Harley, „mit ihren abnehmbaren Koffern und dem abnehmbaren Windschild eine gelungene Synthese aus hohem Langstreckenkomfort und stilvollem Factory-Customizing bildet".

Um die in Richtung Electra Glide tendierende Maschine dem Publikum noch schmackhafter zu machen, bekam sie den besonders drehmomentstarken Twin Cam 103 mit 1690 cm³. Ihre Bremsanlage verfügt ab Werk über ABS, denn Harley-Davidson stattete für das Modelljahr 2012 mit Ausnahme der Street Bob nun auch alle Dyna-Typen serienmäßig mit dem Antiblockiersystem aus. 2012 bestand die Modellfamilie aus den Typen Dyna Wide Glide (FXDWG), Dyna Super Glide Custom (FXDC), Dyna Street Bob (FXDB), Dyna Fat Bob (FXDF) und der neuen Dyna Switchback (FLD).

*Der Doppelscheinwerfer ist das Kennzeichen der Fat Bob.*

| | |
|---|---|
| **Motor:** | luftgekühlter 45°-V-Twin, Jim's Twin Cam 131 |
| **Hubraum:** | 2144 cm³, 131 cubic inch |
| **Leistung:** | 130 PS am Hinterrad |
| **Verkaufspreis:** | variiert je nach Grundmodell |
| **Besonderheiten:** | stärkster zugelassener V-Twin im Serienrahmen |

*American Muscle: Das Motto „Hubraum lässt sich nur durch noch mehr Hubraum ersetzen" wird bei der „131" bis ans Limit getrieben.*

## 2012 FXDF 131 Fat Bob von Harley-Davidson Nürnberg

Der 131 ist der hubraumstärkste V-Twin Motor, der eine Straßenzulassung erhalten hat. 131 cui – das sind satte 2194,25 cm³ – liefern 130 PS und brachiale 180 Nm. Hinter diesen harten Fakten stecken nicht weniger als zwei Jahre Entwicklung: „Als wir erklärten, dass wir 'Jim's 131-Motor' für die Straße zulassen wollten, hat man uns – milde gesagt – belächelt", erinnert sich Harley-Händler Fritz Jonak aus Nürnberg. Die Zulassung für deutsche Straßen war angesichts der gegenwärtigen Abgas- und Geräuschbestimmungen mehr als eine Herausforderung.

Motor- und Performance-Teile-Hersteller Jim's hat eine langjährige Verbindung mit dem Performance-Parts-Programm von Harley-Davidson, die in immer größeren Hubräumen und kraftvolleren Motoren resultierte. Mit legalen 130 PS und 180 Nm Drehmoment – am Hinterrad, versteht sich – sind selbst eine 305 kg schwere Fat Bob oder die massiven 356 kg der FLHX Street Glide, die beiden ersten mit dem Nürnberger 131 hochgerüsteten Modelle, gut für Geschwindigkeiten jenseits der 200 km/h geeignet.

*Seit 2012 ist der 130 PS starke Twin Cam für den Straßengebrauch in Deutschland homologiert.*

*180 Newtonmeter Drehmoment verlangen eine gefühlvolle Gashand. Das breite Grinsen von Rainer Schwarz verbirgt leider das Helmvisier.*

## 2013 FXSB Softail „Breakout"

Die „Breakout" wurde im März 2013 „außer der Reihe" auf der Daytona Bike Week vorgestellt und erregte bei offiziellen Harley-Händlern und Customizern großes Interesse: Die „Breakout" ist ein Serien-Custombike vom allerfeinsten und, schneller als Harley-Davidson liefern konnte, waren die Motorräder zerlegt und mit neuen Radsätzen und Accessoires versehen. Wer genau hinsah, konnte anhand der technischen Daten die Herkunft der „Breakout" ableiten: Hier kam das Fahrwerk der leidlich erfolgreichen „Rocker" mit breitem Hinterrad und niedriger Sitzposition wieder zum Einsatz. Erneut mit neuem Öltank und darauf ausgerichtet, ein möglichst breites Publikum der Harley-Gemeinde anzusprechen, trieb der kraftvolle Twin Cam 103B ebenfalls die Verkaufszahlen nach oben.

Ihr Design schöpft die „Breakout" aus den Dragstern der 60er und 70er Jahre, vor allem bei den 10-Speichen-Rädern, die nur teilweise überfräst sind. Die „Breakout" und die aus ihr abgeleiteten CVO-Sondermodelle sind schon jetzt Verkaufsschlager in der HD-Modellpalette.

Umbau von Harley-Davidson Baden-Baden: noch tiefer, noch knapperes Heckteil

Auch die Breakout kommt mit nur wenig Information im Cockpit aus.

Tankembleme und Lackdesigns schöpfen aus mehr als 100 Jahren Firmengeschichte.

Der Öltank der Breakout wird – wie jener der Rocker – nur an diesem Modell verbaut.

Der direkte Vergleich zeigt die Modifikationen – aber auch, wie viel Serie noch für ein cooles Bike bleibt.

| | |
|---|---|
| **Motor:** | luftgekühlter 45°-V-Twin, Twin Cam 103B |
| **Hubraum:** | 1690 cm³, 103 cubic inch |
| **Leistung:** | ca. 83 PS |
| **Verkaufspreis:** | 20.405 Euro |
| **Besonderheiten:** | beliebte Umbaubasis |

Das Serienmodell zeichnet sich durch gelungene Linienführung ab Werk aus. Das Breitreifen-Fahrwerk der Rocker ist näher am Zeitgeist.

| | |
|---|---|
| **Motor:** | 45°-V-Twin, Twin Cam 103B |
| **Hubraum:** | 1690 cm³, 103 cubic inch |
| **Leistung:** | ca. 83 PS |
| **Verkaufspreis:** | ab 22.255 Euro |
| **Besonderheiten:** | weltweit limitiert auf 1750 Motorräder |

*Limitierte Sonderedition: die Fat Boy im 110th Anniversary-Look*

Das Tankemblem besteht aus Bronze.

Angemessene Motorisierung: der Twin Cam 103B

1750 Stück in der zweifarbigen Sonderlackierung wurden gebaut.

## 2013 FLSTFB Fat Boy Lo 110th Anniversary

Harley-Davidson feierte den 110. Geburtstag 2013 mit einigen exklusiven Jubiläumsmodellen. In besonders edler Ausstattung und Lackierung kamen Sportster 1200 Custom (1500 Stück), Dyna Super Glide Custom (1450), Heritage Softail Classic (1900), Road King (1750) und Electra Glide Ultra Limited (3750). Außerdem gab es die auf 1750 Stück limitierte Fat Boy. Zum Anniversary-Look zählt eine zweifarbige Sonderlackierung. Ein spezielles Klarlack-Finish verleiht der glänzenden Farbkombination „Anniversary Vintage Bronze and Anniversary Vintage Black" besondere Tiefenwirkung. Jede Maschine trägt eine Metall-Plakette mit der fortlaufenden Fertigungsnummer des Sondermodells. Das Anniversary-Tankemblem mit der charakteristischen Adlerschwinge wird aus massiver Bronze geschmiedet, dann schwarz vernickelt und anschließend künstlich gealtert, um den Werkstoff hervortreten zu lassen. Weil dieser Alterungsprozess niemals völlig identisch ausfällt, wird jedes Emblem zu einem einzigartigen Stück Kunsthandwerk. Das i-Tüpfelchen bildet ein erhabenes goldfarbenes Cloisonné in Gestalt des Harley-Davidson-Logos.

*Ausstattung für Sonderrechte mit Sirene und Blaulichtern*

*Ganz entspannt im bequemen Sattel rollen die beiden Cops den Uferweg entlang.*

## 2013 FLHTP Electra Glide Police, Milwaukee Police Special

Angetrieben von dem gummigelagerten 1690 cm³ (103 cui) Twin Cam sind die 2013er FLHTP-Polizeimotorräder mit einer speziellen EITMS (Engine Idle Temperature Management System) ausgestattet, weil die Polizeimaschinen oft lange mit niedrigen Geschwindigkeiten gefahren werden. Größere Lichtmaschinen und Batterien halten das Polizei-Equipment wie Funk, Blaulichter und Sirenen am Saft.

Die oben und auf der rechten Seite abgebildete FLHTP ist vor allem deshalb einmalig, weil es die einzige fabrikneue 2013er FLHTP der Milwaukee Police mit voller Polizeiausstattung (und zusätzlich werksseitig angepasst auf Sitzhöhe des Fahrers) in Privathand ist – in Deutschland und weltweit. Als Mitglied der Police Vehicle Owners Group (PVOG) hat der Eigner dazu noch die passende Original-Uniform der Milwaukee Police.

*Police-Klassiker: Aus unzähligen Filmen und jedem USA-Reisenden bekannt sind die opulenten Polizei-Harleys.*

| | |
|---|---|
| **Motor:** | luftgekühlter 45°-V-Twin, Twin Cam 103A |
| **Hubraum:** | 1690 cm³, 103 cubic inch |
| **Leistung:** | ca. 83 PS |
| **Verkaufspreis:** | nur auf Anfrage |
| **Besonderheiten:** | komplette Milwaukee Police Ausstattung |

*Die Electra Glide, Jahrgang 2013, trägt das komplette Polizei-Ausstattungspaket.*

Crossover aus Baden-Baden:
der Black Bob Café Racer

*Kenner entdecken Verwandtschaft zu den Bikes aus der US-Serie „Sons of Anarchy".*

*Gelungene Mischung aus der alten XLCR und der FXDB Street Bob*

| | |
|---|---|
| **Motor:** | 45°-V-Twin, Twin Cam B |
| **Hubraum:** | 1737 cm³, 106 cubic inch |
| **Leistung:** | ca. 100 PS |
| **Verkaufspreis:** | auf Anfrage |
| **Besonderheiten:** | Einzelanfertigung von Rick's Motorcycles für die Custom Chrome Europe „Bolt On and Ride" Serie 2013 |

### FXDB Black Bob Café Racer

Gelegentlich gibt es Motorräder, bei deren Anblick sich umgehend die Frage stellt: Warum hat Harley-Davidson dieses Motorrad nicht so in Serie gebaut? Die „Ride-In Shows" der großen Motorradevents in den USA und in Europa haben schon so manchen Trend inspiriert: Night Rod etwa, Rocker und Breakout. Die Black Bob von Rick's Harley-Davidson Baden-Baden wurde 2013 für „Bolt On and Ride" von Custom Chrome Europe gebaut und ist ein Crossover aus der XLCR Café Racer von 1977/78 und der ab 2006 gebauten FXDB Street Bob.

Dass in diesem Bike auch noch ein Hauch „Sons of Anarchy" aus der US-Rocker-Seifenoper steckt, sehen Kenner auf den ersten Blick. Rick's Black Bob entstand aus einer 2009er Street Bob und wurde mit Big-Bore-Teilen auf 106 cui aufgeblasen. Die Lenkerverkleidung entstammt dem Ness-Programm und wird auch auf den Bikes der Fernsehserie verwendet.

## 2013 FXSBSE CVO Softail „Breakout"

Die Zahl der Exemplare und Varianten, die Harleys hauseigene Custombike-Schmiede verlassen, wächst seit Jahren rarsant. Ob man bei diesen Zahlen noch von limitierten Kleinserien sprechen kann, darf angezweifelt werden. Aber die CVO-Modelle sind bei den Kunden so populär, dass sie teilweise blind bestellt werden und das Fertigungslos ausverkauft ist, bevor das Publikum die Motorräder überhaupt zu sehen bekommt.

Als im März 2013 in Daytona Beach die Softail-Variante FXSBSE Breakout vorgestellt wurde, kam das CVO-Modell gleich hinterher. CVO steht für Custom Vehicle Operation und bezeichnet die direkt bei Harley-Davidson gebauten Sondermodelle mit umfassendem Zubehör plus Sonderlackierung. Im Falle der FXSBSE CVO Softail Breakout von 2013 sind das auffällige Chrom-Effekt-Lacke sowie ein mehrere tausend Dollar teures Zubehörpaket und der fast 100 PS starke 110-cui-Motor namens Screamin' Eagle Twin Cam in der Version mit Ausgleichwellen. Als Nachfolger der Rocker ist die Breakout CVO ebenso gestreckt und niedrig wie ihr Vorgänger – und auf Anhieb ein Erfolgsmodell mit potenziellem Sammlerwert.

| | |
|---|---|
| **Motor:** | luftgekühlter 45°-V-Twin, Twin Cam 110B |
| **Hubraum:** | 1802 cm³ 110 cubic inch |
| **Leistung:** | ca. 95 PS |
| **Verkaufspreis:** | 28.560 Euro |
| **Besonderheiten:** | limitiert auf 1900 Exemplare weltweit |

*Eigentlich ein Sakrileg: Diese Breakout wurde mit neuer Auspuffanlage und Luftfilter umgebaut.*

*Absoute Showqualität bietet der Lack der CVO-Customversion.*

*Obwohl die CVO-Modelle schon ab Werk jede Menge Zubehör und Sonderausstattung bieten, legen die meisten Besitzer noch eins drauf.*

## 2014 FLHTCU Electra Glide Ultra Classic

Auf den ersten Blick ist es kaum zu sehen, aber die Electra Glide des Modelljahres 2014 ist ein komplett neues Motorrad, das in fast keinem Teil mehr dem Motorrad mit der gleichen Typenbezeichnung des Vorjahres entspricht. Das beginnt mit dem neuen „High Output" Twin Cam, dessen Ventile wassergekühlt sind – die Kühler verbergen sich in den Beinschützern –, und geht weiter beim völlig neu entwickelten Fahrwerk, das ein Maximum an Stabilität und Handlichkeit bietet. Die umgestaltete Verkleidung lenkt nun die Luft über Fahrer und Beifahrer hinweg, Packtaschen und Topcase lassen sich mit einem Handgriff öffnen und bieten trotz optisch kompakterer Form mehr Platz für Gepäck. Harley-Davidson hatte vor der Neugestaltung der Tourenmodelle seine Kunden intensiv befragt, und der Modelljahrgang 2014 war das Ergebnis. Beim „Advanced Braking System" bedient das Fußpedal die hintere und eine vordere Bremsscheibe, während der Handhebel auf die zweite vordere wirkt. Der Bremsverbund wird elektronisch bei Geschwindigkeiten über 35 km/h aktiviert. Trotz der früher verpönten Wasserkühlung waren die Tourenmodelle des Jahrgangs 2014 in kurzer Zeit ausverkauft.

*Bordinformation vom Feinsten: Navigation, Entertaiment, USB, mit Schalter oder per Touchscreen*

*Auf den ersten Blick ein Twin Cam, aber die Köpfe an vielen Touring-Modellen sind jetzt wassergekühlt. Der Luftfilter erhielt ein größeres Volumen und kleine Hitzeschilde am hinteren Zylinder schützen den Fahrer.*

*Die Kühler sind in den aerodynamisch optimierten Beinschilden platziert und im Alltagsbetrieb kaum zu spüren.*

| | |
|---|---|
| **Motor:** | 45°-V-Twin, Twin-Cooled Twin Cam 103 Hochleistungsmotor |
| **Hubraum:** | 1690 cm³, 103,1 cubic inch |
| **Leistung:** | 87 PS |
| **Verkaufspreis:** | ab 27.185 Euro |
| **Besonderheiten:** | völlig neu entwickeltes Motorrad mit wesentlich verbesserten Fahr- und Bremseigenschaften |

*Alles an diesem Motorrad wurde überarbeitet: Die Luftschlitze in der Verkleidung verbessern den Fahrkomfort erheblich, und auch die Packtaschen wurden überarbeitet. Die Maschine von Harley-Davidson Trondheim entspricht der US-Ausführung.*

*Schöne Kulisse: Die E-Glide vor den berühmten Trondheimer Lagerhäusern am Fluss Nidelv.*

## 2014 XL 1200 T Super Low

Mitten im Modeljahr 2014 legte Harley-Davidson in der Sportster-Modellreihe noch einmal nach. Eine Tourenversion der Sportster ab Werk war die logische Folge des Erfolgs der 2014er Rushmoore-Touring-Modelle, denn die neuen Tourer waren sehr gefragt. Dass die Sportster ein alltagstauglicher Tourer sein kann, haben viel Besitzer schon bewiesen, Harley-Davidson stattete sein Modell T mit abschließbaren Satteltaschen, Gepäckträger-Option und schnell abnehmbarer Tourenscheibe aus. Einstellbare Federbeine und – zum ersten Mal – Trittbretter an einer Sportster signalisieren, dass man auch hier ein offenes Ohr für die Wünsche der Kunden hatte. Die 1200 T besitzt das gleiche Fahrwerk wie die 883 Super Low, ist aber durch den hubraumstärkeren Motor bestens für längere Touren gerüstet.

*Mit der 1200T auf Tour: Trotz niedriger Sitzhöhe bleibt noch immer genügend Bodenfreiheit für flotte Fortbewegung.*

*In Sachen Ausstattung und Fahrkomfort ist die T Spitze: Gummigelagerter V-Twin und mit Klemmverschlüssen abnehmbare Tourenscheibe tragen dazu bei.*

| | |
|---|---|
| **Motor:** | luftgekühlter 45°-V-Twin |
| **Hubraum:** | 1202 cm³, 73,4 cubic inch |
| **Leistung:** | 66 PS |
| **Verkaufspreis:** | 12.665 Euro |
| **Besonderheiten:** | Sportster in Touren-Ausführung |

*Hinterräder im Automobil-Format und Harley-typische Designanleihen.*

*Harley Hot-Rod auf drei Rädern: Der Freewheeler verspricht Harley-Fun mit Auto-Führerschein.*

| | |
|---|---|
| **Motor:** | 45°-V-Twin, Twin-Cooled Twin Cam 103 Hochleistungsmotor |
| **Hubraum:** | 1690 $cm^3$, 103,1 cubic inch |
| **Leistung:** | 87 PS |
| **Verkaufspreis:** | ab 24.999 US-$ |
| **Besonderheiten:** | neu entwickeltes Trike im Hot-Rod-Stil |

*Rückwärtsgang und Parkbremse: Der Freewheeler besitzt alles, was ein Trike braucht.*

## 2015 FLRT Freewheeler

Erst sechs Jahre nach der Vorstellung der Tri Glide stellt Harley-Davidson eine Ergänzung der dreirädrigen Electra Glide vor. Nach vielen Modellstudien und Experimentalmodellen noch immer ein eher konventionelles Dreirad, aber weit davon entfernt, eine Neuauflage des Servicar zu sein. Das Geckäckfach im Heck mag solche Erinnerungen wecken, aber Styling und Performance sind ganz auf Hot Rod ausgelegt. Der 1700er Twin Cam hat Cruise Control und elektrischen Rückwärtsgang. Das Bremspedal betätigt die Hinterradbremsen und eine vordere Scheibe. Mit 491 kg Gewicht fahrfertig ist der Freewheeler kein Leichtgewicht, steht aber auf soliden Rädern im Pkw-Format.

*Spotlight an: Seit den 70er Jahren gab es keine Harley-Davidson mit einem Hubraum von weniger als 883 cm³.*

## 2015 Street 750 (500)

Die Jahre von 2013 bis 2015 werden als Schicksalsjahre der Entscheidung in die Geschichte von Harley-Davidson eingehen. Weil die US-Stammkundschaft nun langsam wirklich in die Jahre kommt, war es an der Zeit, wieder einmal Motorräder für eine jüngere Klientel zu kreieren. Die neuen Street-Modelle wurden im November 2013 auf der EICMA enthüllt, und sofort ging ein Aufschrei durch die US-Szene: Wasserkühlung, obenliegende Nockenwellen, vier Ventile pro Zylinder, 60° Zylinderwinkel und Produktionsschwerpunkt in Indien! Natürlich müssen die in den USA verkauften Modelle „Made in USA" sein. Wo die Komponenten herkommen steht auf einem anderen Blatt. Wobei für den Rest der Welt eine von Fachkräften außerhalb der USA montierte Maschine nicht wirklich eine Horrorvorstellung ist. Beide Motorräder – die neue Street kommt als 750er und als 500er – sind komplette Neuentwicklungen, der Zylinderwinkel von 60° lässt an den der V-Rod anklingen, doch der Revolution-X-Motor hat mit dem der mittlerweile zwölf Jahre alten der V-Rod nichts gemein. Rahmen und Ausstattung sind eher konventionell. Anders als bei der Blast von Buell, dem letzten Versuch, einen kleineren Hubraum zu etablieren, steht jetzt das Image von Harley-Davidson auf dem Tank.

*Auf der EICMA 2013 fielen die Hüllen von den Street-Modellen.*

*Die XLCR Café Racer lässt grüßen: Die Street-Modelle zielen auf neue Kunden und jüngere Motorradfahrer.*

*Revolution X heißt die neue Motorenbaureihe: Wasserkühlung war ein notwendiges Übel für neue Abgas- und Lärmvorschriften, angedeutete Kühlrippen dienen vor allem dem Styling.*

| | |
|---|---|
| **Motor:** | flüssigkeitsgekühlter 60°-V-Twin Revolution X |
| **Hubraum:** | 749 cm³ (494 cm³) |
| **Leistung:** | 53 PS (48 PS) |
| **Verkaufspreis:** | 7499 US-$ (6799 US-$) |
| **Besonderheiten:** | komplett neue Motorenbaureihe und Modellreihe |

*Design-Meisterwerk: Harley-Davidson-Fans erkennen die klassischen Linien sofort. Darunter wurden Fahrleistungen und -komfort wesentlich verbessert.*

## 2015 FLTRXS Road Glide Special

2014 ist das Jahr der Wiedergeburt der Road Glide als FLTRX und Special. Die FLTR tauchte immer mal wieder auf und ab im Harley-Davidson-Tourenprogramm, zuerst als FLT, 1979 fürs Modelljahr 1980 vorgestellt. Die FLT hatte einen größeren Rahmen und als erste Harley-Davidson eine rahmenfeste Verkleidung. Man konkurrierte mit den vollverkleideten Tourern von BMW, den japanischen Herstellern und vor allem mit der Gold Wing, die in Sachen Leistung, Ausstattung, Reichweite und Zuverlässigkeit harte Konkurrenz waren. Das 2015er Modell ist seiner Konkurrenz gleich um mehrere Nasenlängen voraus, besitzt es doch Touchscreen, Onboard-Entertainment und GPS-gestützte Navigation. Dazu kommt die gesamte Palette der 2014 eingeführten Verbesserungen: Integral-Bremssystem mit ABS etwa und der 103-Motor mit partieller Wasserkühlung der Zylinderköpfe. Als Paukenschlag rollten am Vorstellungstag 100 Road Glide von Deadwood nach Sturgis in South Dakota und ließen die Mainstreet erbeben. Mit Ihrer Vollausstattung macht es die Serienmaschine den Customizern vor allem bei der Elektronik schwer, noch etwas in Sachen Sonderausstattung draufzulegen. Viel mehr geht einfach nicht.

*Langstrecken-Tourer mit rahmenfester Vollverkleidung: Die neue Road Glide ist für die Weiten der USA gebaut.*

*Doppelscheinwerfer und abgerundete Formen. Auch die Verkleidung der Road Glide hält den Fahrtwind vom Fahrer fern.*

| | |
|---|---|
| **Motor:** | 45°-V-Twin, Twin-Cooled Twin Cam 103 Hochleistungsmotor |
| **Hubraum:** | 1690 $cm^3$, 103,1 cubic inch |
| **Leistung:** | 87 PS |
| **Verkaufspreis:** | ab 23.199 US-$ |
| **Besonderheiten:** | rahmenfeste Tourenverkleidung und Elektronik-Overkill |

## Harley-Davidson „LiveWire" Elektromotorrad-Prototypen

Mit gut drei Dutzend Prototypen testet Harley-Davidson seit Juni 2014 ein Elektro-Motorrad. Im Fachwerk-Alurahmen stecken der 75-PS-Elektromotor mit einem Drehmoment von 70 Newtonmetern und ein Lithium-Ionen-Akku für eine Reichweite von etwa 85 Kilometern und mit dreieinhalb Stunden Ladezeit an einer Haushaltssteckdose. Die Nennspannung beträgt 309 Volt. Die Alu-Räder messen vorn 18, hinten 17 Zoll, der Hinterreifen ist vom Kaliber 180. Die unter dem Projektnamen LiveWire entwickelte Harley beschleunigt aus dem Stand auf Tempo 100 in etwa vier

*In Zukunft elektrisch? Harley-Davidson zeigte sich 2014 überraschend experimentierfreudig mit der im Juni vorgestellten LiveWire.*

| | |
|---|---|
| **Motor:** | ölgekühlter Dreiphasen-Elektromotor |
| **Leistung:** | 74 PS |
| **Verkaufspreis:** | noch nicht verfügbar |
| **Besonderheiten:** | kein Getriebe, Direktantrieb über Kegelrad und Riemenantrieb. ca. 85 Kilometer Reichweite, je nach Fahrweise |

*Interessant: In diesem Rahmen ließe sich auch ein Sportster-Motor vorstellen.*

Sekunden, die Höchstgeschwindigkeit ist auf 148 km/h begrenzt. Im Schiebebetrieb wird Energie zurückgewonnen. 209 Kilogramm bringt das Motorrad auf die Waage. Völlig offen ist, ob es jemals in Serie gebaut wird. Bislang gibt es knapp 40 Stück, die 2014 auf Test-Tournee durch die Vereinigten Staaten gingen, fürs Jahr darauf sind entsprechende Testläufe in Kanada und Europa geplant.

*Die Batterien machen einen Großteil des Gewichtes aus und benötigen reichlich Platz. Sie sind nur schöner verpackt als bei anderen E-Bikes. Leistung und Drehmoment sind bei Elektromotorrädern kein Problem. Reichweite und Ladedauer hingegen schon. Und die Energie will ja schließlich auch irgendwie hergestellt sein.*

DO NOT TWIST